U0159360

火电工程安全文明施工管理手册

赵晋宇　孙家华　宁瑞　编著

中国电力出版社
CHINA ELECTRIC POWER PRESS

内 容 提 要

通过近几年的实践，我国一大批火电工程的安全与文明施工达到了国内甚至国际先进水平。但是，在全国安全执法检查过程中仍发现很多项目的安全与文明施工水平不高，甚至出现在施工过程中安全设施不到位的现象。为了更深入地规范火电工程安全文明施工的标准，落实工程建设本质安全，提高文明施工管理水平，特编写本手册。本手册共六章，主要内容包括管理目标与组织机构，施工阶段安全主要控制措施，安全、质量支持系统一体化及5G智慧化电厂应用，文明施工实施管理，分层施工策划。

本手册数据可靠、内容翔实、简明实用，是现场安全文明施工管理的重要资料，可作为火电工程参建各方编制安全文明施工二次策划的主要参考资料。

图书在版编目（CIP）数据

火电工程安全文明施工管理手册/赵晋宇，孙家华，宁瑞编著．—北京：中国电力出版社，2021.8

ISBN 978-7-5198-5736-3

Ⅰ.①火…　Ⅱ.①赵…　②孙…　③宁…　Ⅲ.①火力发电－电力工程－工程施工－安全管理－手册　Ⅳ.①TM621-62

中国版本图书馆CIP数据核字（2021）第120913号

出版发行：中国电力出版社
地　　址：北京市东城区北京站西街19号（邮政编码100005）
网　　址：http：//www.cepp.sgcc.com.cn
责任编辑：畅　舒（010-63412312）
责任校对：黄　蓓　常燕昆
装帧设计：王红柳
责任印制：吴　迪

印　　刷：北京雁林吉兆印刷有限公司
版　　次：2021年8月第一版
印　　次：2021年8月北京第一次印刷
开　　本：880毫米×1230毫米　32开本
印　　张：9.5
字　　数：150千字
印　　数：0001—1000册
定　　价：48.00元

前言

随着电力行业的飞速发展，国家、行业颁布实施了一系列关于火电工程安全文明施工管理的法律、法规及相关规程、规范，为规范火电建设工程现场安全文明施工的管理，提高电力建设质量水平，奠定了良好的基础。但是，作者在多个火电建设现场安全检查过程中仍发现很多项目安全文明施工管理不到位，甚至有违反标准中强制性条文的现象。

为了进一步加强火电工程建设现场的安全文明施工管理，落实相关法律、法规及规程、规范的要求，提高现场安全文明施工的管理水平，突出项目管理亮点，作者通过对国内多个火电工程建设项目的安全文明施工策划和安全检查的经验总结，并结合国家科学技术的发展及行业数字化、信息化、智能化的发展趋势，合理运用了 5G 平台＋管理平台＋移动 APP 和一站式决策安全管理系统，使现场数据的采集形象化、直观化、具体化，同时使安全数据能够实时互通，智能化关联。以此形成独具特色的项目理念先进化、管理制度化、任务表单化、进度透明化、安全智能化、技术创新化、投资精细化、质量一体化、行为规范化（“九化”）动态管理模式，切实优化、提升火电项目安全文明施工管理水平，打造火电安全文明施工管理的示范项目。

同时，为了进一步对本书内容进行说明，本书附有部分内容的现场应用视频，并生成了二维码。读者在阅读本书内容的同时，可扫描二维码链接观看相关视频。

鉴于编写人员的水平及编写过程中的资料有限，书中存在的不足之处，敬请广大读者批评指正。

编著者

2021 年 6 月

目 录

目录

目 录

第一章

管理目标与组织机构

第一节 安全文明施工管理目标

实现理念先进化、管理制度化、任务表单化、进度透明化、安全智能化、技术创新化、投资精细化、质量一体化、行为规范化（“九化”）动态管理模式。

以人为本，为员工创建一个赏心悦目的安全、文明、和谐的施工环境和功能齐备、舒适、整洁的办公与生活环境。推进火电工程项目安全标准化建设达标工作，创建同类机组、同类地区安全文明施工先进工地。

第二节 各承包单位的安全目标管理

火电工程项目各承包单位应结合项目安全生产总目标，制定本单位年度安全生产目标。安全生产目标必须包含人员、机械、设备、交通、火灾、环境等事故方面的控制指标，经主要负责人审批并以文件的形式发布，安全目标应进行有效分解，并制定具体、可操作的保证措施，明确责任人并严格落实。

项目公司与总承包项目部签订安全生产协议书、年度安全生产目标责任书；总承包项目部与施工、调试承包商签订安全生产协议书、年度安全生产目标责任书。

总承包项目部及各承包商每半年对安全生产目标、分解目标和保证措施的实施情况进行动态监督检查，根据监督检查结果进行评估和修订安全目标、整改存在的问题并保存有关记录。

第三节　安全管理组织机构及职责

1. 安全生产委员会

主　任：建设单位负责人

副主任：总监 总承包项目经理

成　员：各标段项目经理、调试负责人

安全生产委员会职责：

（1）贯彻执行国家有关安全健康与环境工作的方针、政策、法律、法规和集团公司有关安全生产的规定。

（2）定期召开会议，查找项目安全生产存在的问题和薄弱环节，分析项目安全生产趋势，研究解决安全生产中的重大问题。

（3）审定项目年度安全目标、控制指标及保障

措施。

（4）审定项目年度安全工作计划并监督落实。

（5）组织项目年度安全生产工作评价及考核。

（6）组织项目安全生产事故及事件的内部调查、分析，并按照“四不放过”原则对事故及事件进行内部处理。

（7）其他应由安全生产委员会组织落实的工作事项。

安全生产委员会在建设项目正式开工前成立并召开第一次会议，以后至少每季度召开一次全体会议或者在工程建设必要时召开安全生产委员会会议。会议决议和内容应以书面形式会后向现场各参建单位通告。

2. 安全生产委员会办公室

主　任：建设单位安监部主任

成　员：安监部专工、各标段安全主任

安全生产委员会办公室职责：

（1）筹备安全生产委员会会议，做好会议准备工作。负责安全生产委员会日常工作，全面负责现场安全监督与管理。

（2）组织制定安全生产管理规章制度。

（3）负责督办安全生产委员会决定的事项。

（4）实施安全生产监督与检查。

（5）参加调查处理安全生产各类事故。

（6）完成安全生产委员会交办的其他工作。

3. 专项领导小组

在安全生产委员会领导下，成立由总承包项目部、施工承包单位相关人员组成的大型机械、脚手架、施工用电、文明施工、治安保卫、消防及交通等专项领导小组，负责上述重点安全管理事项的日常监督检查和管理工作。

4. 应急领导小组

组　长：建设单位负责人

副组长：总监、总承包项目经理

成　员：各标段项目经理、调试负责人

应急响应领导小组职责：

（1）负责组织项目应急处理预案的制定、评审、修订和发布。

（2）监督检查重大事故预防措施的落实和应急救援的各项应急物资准备工作。

（3）决定突发事故、事件应急决策和部署，负责项目人身伤亡事故，及重大影响事件的应急处置工作。

（4）对工程项目突发事件应急工作进行指导、提供与协调相关应急资源，必要时向当地政府有关单位发出紧急救援请求。

（5）组织实施各专项应急处理预案的培训和演练工作。

（6）决定应急预案的启动与终止。

（7）消防与现场道路交通领导小组及职责。

第二章

施工阶段安全主要控制措施

第一节　安全生产责任制

（1）各承包商必须建立纵横向部门和人员安全生产责任制度，明确各部门及人员安全责任，制度须悬挂上墙。

（2）总承包项目部与承包商应签订安全生产协议书、责任书，承包商应逐级签订安全生产责任书，明确各级管理职责、范围和安全目标并进行逐级分解控制。

（3）承包商应建立安全生产责任制、安全目标、文明施工管理目标考核制度，利用奖惩手段以及激励约束机制督促安全生产责任的逐级落实与安全目标的最终实现。

第二节　安全教育培训

（1）总承包项目部对承包商安全教育培训情况每季度进行一次监督检查并做好检查记录。

（2）总承包项目部、承包商应建立安全教育培训制度、细则并制订年度安全培训教育计划，确保全体员工受到应有的安全健康和环境保护法律法规和相关知识教育。

（3）总承包项目部、承包商及其分承包商全部员工每年应进行一次全员安全教育培训，合格后方可上岗。

（4）承包商作业人员进入新岗位以及入场（新的现场）前必须经过安全教育培训考试以及身体健康检查合格，持证佩卡上岗并建立全员安全教育培训档案。

（5）承包商新员工（新入职）应进行三级安全教育培训合格后，经总包方、业主方共同安全再培训考试，考试合格，按规定要求申请办理门禁后，方可进场。承包商项目之间调转的员工，调到新项目后应由承包商进行安全教育培训和考试。

（6）总承包项目部、承包商项目负责人、专职安全管理人员必须持有省级及以上建设主管部门或安全监督部门颁发的安全生产管理考试考核合格证件，方可从事本岗位工作。承包商的人员超过 100 人，应设专职安全管理机构，配备专职安全管理人员不少于 3 人（其中注册安全工程师 1 人）。其专业队设专职安全员，30 人以上 100 人以下不少于 2 人，100 人以上不少于 3 人，30 人以下时专职安全管理人员不少于 1 人，其班组应设专兼职安全员。

（7）特种作业人员应经专门教育培训并经能力考

核合格后，持证上岗，上岗前应由承包商进行安全再培训考试。总承包项目部根据施工进度有计划的对各承包商的特种人员进行分类专项培训。

(8) 承包商施工班组应每周进行一次安全日活动，每天进行“三交”“三查”站班会，并做好记录。

(9) 工程现场外来参观、检查工作、实习、参加临时劳动或进行其他公务活动的相关方人员，由负责接待的总承包项目部、承包商进行书面安全教育或安全交底后，签字确认后方可进入现场，安全教育和交底记录由责任单位保存。

第三节 安全检查

(1) 周安全检查。总承包项目部安监部组织，参加人员：项目公司安全人员，监理单位安全监理，总承包项目部安监部主任、安监人员，施工单位副经理、安全部长。

(2) 月安全检查。总承包项目部总经理或副总经理组织，参加人员：项目公司副总经理、安全人员，监理单位总监、安全监理，总承包项目部副总经理(安全总监)、工程管理部主任、安监部主任及安监人员，施工单位项目部经理、副经理、安全部长。重点对现场安全文明施工进行全面检查、总结和评价。

（3）专项安全检查。因工程施工进度、安全形势或上级单位检查的需要等，总承包项目部或监理机构组织，参建人员：项目公司副经理、安全人员，总承包项目部副经理（安全总监）、工程管理部主任、安监人员，监理机构安全监理，施工承包商项目经理或副经理、安监人员及起重、用电专业人员必须参加。

（4）季度综合考核和评比。总承包项目部分管副总经理主持，总承包项目部安监部组织，参加人员：项目公司副总经理、工程部长、安监人员，总承包项目部工程管理部主任、安监人员，监理单位总监、安全副总监。对承包商进行季度考核和评比，得分最高的单位颁发安全文明施工管理先进单位流动红旗并给予适当奖励。

（5）承包商应每月对现场进行一次安全大检查，检查报告留存备查。

（6）隐患排查检查。在阶段性、季节性、节假日前后根据现场实际情况进行安排安全隐患排查工作，排查前应明确编制排查方案、排查人员、排查方法、隐患分类、治理措施、责任单位安全隐患整改和闭环时间等。

(7) 在周、月、季、专项目安全检查中发现的安全隐患（重大）和安全文明施工问题，应下发安全不符合项整改通知单，实行闭环管理。

(8) 日常检查。各专业在检查中发现的违章作业和安全隐患，一般问题责成承包商当即整改，对比较重要的问题，应下达不符合项整改通知单，形成闭环，并填写安全巡检日志。

(9) 对承包商安全文明施工遵守安全管理规定、安全设施防护到位、安全文明施工亮点受到推广，无违章、服从安全管理、上级检查时受到表扬时，应下达安全文明施工奖励单。

第四节　安全工作例会

(1) 周安全例会。总承包项目部安监部组织，项目部安监部主任主持，重点协调解决现场安全文明施工问题，查找不足，制定改进措施及下周安全工作计划。参加人员：项目公司安全人员；总承包项目部安监人员；监理单位安全监理；承包商副经理、安全部长。

(2) 月度安全例会。总承包项目部安监部组织，项目副总经理（安全总监）主持，重点总结当月安全情况，查找管理薄弱环节，制定改进措施及下月安全工作计划。参加人员：项目公司副总经理、安监人员；总承包项目部总工、工程管理部主任、安监人员；承包商项目经理、副经理、安全部长。

（3）安全生产委员会。总承包安全生产委员会主任项目部总经理组织并主持，重点协调解决各自范围内现场有关安全文明施工存在的问题，布置工程建设安全工作。安全生产委员会及办公室成员参加。

（4）年终由总承包项目部组织召开安全文明施工总结、评比、表彰大会。

（5）承包商内部应定期组织开展周、月及季度安全生产委员会会议并留存相关会议记录。

（6）总承包项目部、承包商的项目领导、各专业、安全人员每月至少参加一次承包商对应专业（队）班组的站班会，并对站班会情况进行讲评，在站班会记录本上签字。

（7）各级安全工作例会，应实行签到登记制度，使用专用记录本以形成完整的记录，并编发《会议纪要》，按规定报送上级有关部门，同时下发各承包商。

第五节　安全技术措施管理

（1）承包商一切施工活动都应有经过审批的施工

方案或作业指导书，方案或作业指导书中应按照要求编制安全技术措施，安全技术措施必须具有针对性、可操作性、可靠性。无方案、措施和未交底，严禁施工。

（2）承包商根据施工组织设计，列出一般施工方案、重大施工方案、危险性较大（超过一定规模）的分部分项工程专项清单，由承包商上报总承包项目部，经评审后统一发布。

（3）承包商编制施工方案时应对施工方案的危险因素（LEC法）环境因素进行辨识，制定安全（环境）措施、制定安全技术交底内容，明确特种作业人员资质，并将辨识清单、安全交底记录表、特种作业人员复印件作为附件一同上报审批。

（4）一般施工方案由总承包项目部专业、安全人员审查，工程部主任（副主任）和安监部主任（副主任）确认，项目部总工批准。

（5）重大施工方案由总承包项目部专业人员组织评审，工程管理部、安监部主任审查，项目部总工签发（需报公司相关部门审查的方案应按照相关规定严格履行报审手续），并报监理审查、签字同意后实施。

（6）重大施工方案经批准实施后，承包商编制方案的专工、安全人员要对方案实施过程进行旁站、检查，总承包项目部相应专业、安监人员对重大施工方案的实施在开工前、重要节点或工序时进行方案符合性安全旁站，要做好旁站记录、签字。

（7）危险性较大分部分项工程及超过一定规模的危险性较大分部分项工程编审批、论证审查、过程实施安全监督、检查等承包商应严格按照建办质〔2018〕31号《住房城乡建设部办公厅关于实施〈危险性较大的分部分项工程安全管理规定〉有关问题的通知》要求执行。

（8）严格执行技术交底程序，交底与接受交底人双方签字确认。重大方案或作业指导书技术交底，要求使用多媒体设备进行，保证交底效果。

（9）方案或作业指导书一经审批后必须严格执行。未经审批人同意，任何人不得更改。如确需变更，应按有关审批程序重批。

（10）单项和单位工程项目开工前必须进行安全文明施工条件的检查与确认，不具备安全文明施工条件的工程项目不得开工。由总承包项目部专业组织，安监部人员、承包商生产副经理、专业人员、安全人员参加开工前安全施工条件检查，并在开工报告上签字确认。

第六节　安全设施管理

（1）保证安全投入，加强安全防护，本方案要求采用的安全设施（但不限于）应严格执行，落实安全设施标准化、规范化，使现场具备完善的安全文明施工条件。

（2）注重安全设施使用过程中的动态管理控制，拆除安全设施（应特别注意平台格栅板防滑动坠落的安全管理）必须经过相关管理人员书面批准并采取临时防护措施，施工完后及时恢复并报告批准人。

（3）临时搭设的安全设施及通道应经过搭设单位、使用单位、安全监督人员共同验收合格后使用，确保防护设施、施工通道安全可靠。

（4）承包商采购安全防护用品、用具必须有合格证件，现场经过抽检试验并有可追溯的抽检试验记录，自行制作的安全设施，必须经过设计、计算、现场试验合格后方可投入使用。

（5）承包商应建立安全防护设施、用品建立台账，包括用品名称、数量、生产厂家资质证、产品合检证、检验证、现场试验记录、使用部位等，报送监理公司备案，总承包项目部安监督部要每季度进行一次检查。

第七节 安全资质管理

1. 承包商及其分包商安全资质管理

（1）承包商负责本单位以及所属分包商安全资质相关资料的收集、审核、上报工作，总承包项目部负责承包商及其分包商安全资质的审查把关，监理单位负责审核工作，项目公司负责审批。

（2）安全资质审查内容包括营业执照、施工资质证书、安全施工许可证、主要施工简历以及近三年安全施工记录、项目主要负责人安全上岗资格证书、项目经理证书、项目经理法人授权委托书、技术人员配备情况、安全管理机构设置及安全管理人员上岗资格证、特殊工种证件、施工机械、工器具及安全防护设施的配备情况、安全管理制度等。

（3）承包商及其分包商的人员资格、机具配备、技术管理能力发生变更时，应及时上报总承包项目部相关部门审查，承包商对其分包商审查后报总承包项目部审查，向监理机构报备。

2. 特种设备安全资质

（1）特种设备入场必须提供制造许可证、产品（质量）合格证、检验合格证，特殊型式的须另外提供报告以及相关操作人员资质证件。

（2）特种设备安拆队伍必须具备相关安全资质，安拆人员必须持有质量技术监督局颁发的“七类”人员上岗资质证书。

3. 安全防护用品、设施安全资质

（1）现场施工安全防护用品、设施必须提供生产许可证、鉴定合格证、质量合格证等证明文件，现场须做实验鉴定的须按相关单位要求进行抽检实验。

（2）因现场检查不合格存在争议须第三方检验机构检验的，由承包商单位负责检验相关事宜及费用。

（3）安全防护设施和劳动防护用品应符合 DL 5009.1—2014《电力建设安全工作规程 第 1 部分：火力发电 》中 4.2.1 通用规定要求。

第八节　高处作业管理

（1）高处作业安全措施应落实到位，专人负责检

查确认，在各种工况下对人身都有保护措施，人员高处作业应从技术上确保作业点的环境安全，个人防高空坠落的防护用品只能作为第二道防护，要求所有高处作业人员安全带统一采用双钩挂钩式安全带。高风险作业严格执行集团公司相关规定。

（2）避免和减少交叉施工，确实无法避免的要制订安全防护措施，并有效实施后，方可施工。交叉作业施工必要时应签订交叉施工安全责任协议书。

（3）对烟囱等特殊高处作业和其他重要的危险作业工序，现场安全文明施工应采取专项的控制措施。对不能全封闭的高处作业，应设安全悬挑安全网。

第九节　脚手架管理

（1）承包商应建立脚手架管理规章制度，规范本单位脚手架材料入场、搭设、检查、维护、使用和拆除等过程的安全监督管理。脚手架材料进入现场必须按要求提供相关合格证明材料以及法定机构的检验、检测报告。材料分批入场的，必须分批进行检测，否则不得使用。要求脚手架钢管统一采用 $\phi 48.3\times 3.6$ 规格型号（外径允许偏差 ± 0.5mm，壁厚允许偏差 $\pm 10\% \cdot S$，S 为钢管壁厚）。脚手架所使用的密目式安全网、防坠安全网及水平隔离安全网进入现场应提供相关合格证明材料、具备防火阻燃性能，并按照要求进行现场冲击负荷试验，合格后方可使用。脚手架按照规范要求搭设，加强过程管理控制，严格执行验收挂牌制度。

（2）脚手架搭设所使用的脚手管、扣件、悬挑梁、连墙件、调托撑、安全网、密目网、脚手板等主要构配件使用与搭设应符合 JGJ59—2011《建筑施工安全检查标准》、JGJ130—2011《建筑施工扣件式钢管脚手架安全技术规范》以及住建部 37 号令《危险性较大的分部分项工程安全管理规定》的要求。钢脚手架管件需按要求除锈涂刷油漆色标。各标段进场脚手管分别涂刷不同的色标以便区分。

（3）24m 以上双排落地式和悬挑式钢管脚手架施工必须编制专项施工方案，超过 50m 落地架以上的必须经专家论证，经审批同意后实施，严禁无方案施工。脚手架在搭、拆前必须对施工作业人员进行安全技术交底，交底后方可施工。

（4）高度在 3m 以上脚手架、脚手架外部防护栏杆间距应 1m，外挂安全绿色密目网（阻燃），每层脚手架工作平台下方、两端边缘设 18cm 黄黑安全色标踢脚板。安全通道应采用安全立网封闭。

（5）脚手架的搭设施工，应当由相应资质条件进行搭设施工，严禁无资质条件的施工队伍搭设施工。脚手架搭设人员必须是考核合格的专业架子工，并持有政府相关部门颁发的特殊工种上岗资格证。上岗人员必须进行体检，合格者方可持证上岗。

（6）搭设、拆除脚手架人员必须戴安全帽、系双钩安全带（10m 及以上大范围移动应同时配备速差器，实现双道保护）、穿防滑鞋。

（7）搭、拆脚手架时，地面应设安全围栏和警戒标识，并派专人监护，严禁闲杂人员入内。非特殊情况，夜间不准进行脚手架搭设与拆除作业。卸料时各构配件严禁抛掷至地面。

（8）当有六级及以上大风和雾、雨、雪天气时应停止脚手架搭设与拆除作业。雨、雪后上架作业应有防滑措施并应扫除积雪。

（9）临现场道路或行人密集区搭设脚手架时，外侧应有防止坠物伤人的防护措施。在脚手架上进行电、气焊作业时，必须有防火措施和专人看守。脚手架施工临时用电线路、接地、避雷措施等，应按现行行业标准的有关规定执行。

（10）脚手架搭拆作业过程中，工程、安监人员应当按照规范要求进行检查以及日常巡视检查，发现未按专项施工方案实施，存在安全事故隐患的，应按照有关规定及时下达书面指令，责令承包商进行整改或停止施工。

（11）根据分区分层施工要求，厂前区、化学水区、辅助建筑作业区、主厂房作业区、炉后作业区、灰库、碎煤机作业区、筒仓、采光间作业区等结构施工脚手架搭设前，基础零米地面须进行混凝土硬化，并采取排水措施。

（12）高度在20m及以上的钢管脚手架应安装避雷装置并可靠接地，附近有架空线路时应满足安全距离要求或采取可靠的隔离防护措施。

（13）脚手架验收实行“专人搭设、分级和分层验收、挂牌标示、限时使用”的原则。要分清责任、按程序验收、按权限检查、按时间使用。

（14）施工单位脚手架使用班组负责4m（含4m）以下的一般脚手架的验收，由班长或技术员负责验收，在验收单上签字确认。施工单位工程部相关专业工程师负责组织4m以上10m以下一般脚手架验收，安全部门、脚手架使用班组、搭设单位参加，在验收单上签字确认。施工单位脚手架搭设单位或工程管理部门负责中小型脚手架高度在10～24m以下，高度、宽度均在10m以下脚手架或据有相当危险性的复杂脚手架的验收，由施工单位项目部总工组织工程部门、安全部门、搭设单位、使用单位等人员进行验收。

（15）危险性较大的脚手架（大型脚手架、承重架、悬挑脚手架）分层、分段验收的时段：脚手架搭设前；每搭设完 10～13m 高度后；搭设完毕施加荷载前进行验收。在施工单位自检合格的基础上，总承包项目部安全监察部组织共同联合验收，主要参加人员：施工单位项目部总工、工程部门、安全部门、搭设单位、使用单位相关人员，总承包项目部总工及工程部门、安全部门相关人员，监理单位副总监（安全、土建）、专业监理、安全监理参与验收。验收合格后，参加验收人员在验收表和验收牌上签字。脚手架验收挂牌须注明搭设时间、搭设人、使用荷载、使用单位、使用时间、负责人姓名和验收人姓名。

（16）长期使用的脚手架，施工单位要有专人负责检查维护，定期（不超过一个月）进行全面检查，必要时可采取加固措施，确保脚手架的强度、刚度和稳定性。长期停止使用或在大风、暴雨后及解冻期的脚手架，在恢复使用前应经检查鉴定合格后重新填写验收表/挂牌，方可使用。

（17）总承包项目部安全监察部每月定期组织一次脚手架专项安全检查，发现问题以检查报告或整改通知单形式进行整改，并对落实情况进行验证闭合。施工单位应定期组织进行脚手架安全检查，发现问题及时落实整改，并记录整改落实情况归档备查。

第十节　起重作业管理

（1）参与起重作业的机械相关手续、检验合格标识应齐全，起重作业特殊工种人员按规定持证上岗，起重指挥人员并应佩戴明显工种标识反光背心。钢丝绳、吊钩、卸扣、滑轮、安全装置及起重工器具应定期按有关标准进行检验、检查和保养。

（2）起重指挥人员应使用国家标准规定的起重指挥信号、手势、旗语和口哨，使用对讲机指挥的机械其对讲机应使用指定的频率与频道。

（3）起重机械应标明最大起重量，悬挂安全操作规程、安全准用证、机组人员名单、主要性能及润滑图表等，安装、拆除、操作、管理人员必须持有合法资格证件。

（4）轨道式起重机的基础和轨道、独立接地网必须符合安全要求。道砟必须采用“石渣围护池”，以免破坏场容场貌整体效果。

（5）起重作业要严格执行“十不吊”。起重钢丝绳在棱角处必须采取可靠的保护措施，千斤绳不得打扭或缠绞使用。

（6）起重机械管理依据国家质量技术监督局、安全监督管理部门、行业标准、规程、规范以及集团公司、公司各项规定、制度等执行。

第十一节　施工用电管理

（1）承包商应在总承包工程部门指定的地点接入施工用电系统，并负责连接点以下的电气设备保护和人身安全。

（2）电气工作必须由承包商专职持证电工进行并设置监护人员。

（3）施工电源一级箱、二级箱、三级箱由承包商内统一标准样式、颜色，确保符合公司火电板块标准化管理手册工程建设标准化的要求，接线整齐美观。

（4）配电盘柜放置地点须砌筑规范的放置平台，盘柜内插座电压等级、开关负荷名称须标示清楚，电源一、二次盘柜应上锁，设置组合式防护围栏及防护棚。三级盘必须设置快速插头。

（5）施工区域电源电缆走向布置合理，布设整齐、美观并标示清楚。

（6）在变压器中性点直接接地用电系统中严禁接地保护与接零保护混合使用。

（7）一、二级配电盘柜由专职电工负责管理；盘柜门上应设醒目标示安全标识、供电布置图、管理者姓名与通信联络方式。

（8）用电设施裸露带电部位必须采取可靠的遮挡措施或绝缘隔离措施。

（9）现场不得使用普通型胶木闸刀开关及倒顺开关。

（10）各承包商应有专人负责本单位合同范围内施工用电管理工作，协调处理与其他单位施工用电管理中出现的问题，并组织本单位施工用电专项检查工作。施工电源安装、拆除人员、施工用电维修保养和故障检修人员必须由电工完成，电工必须经过按国家现行标准考核合格后，持证上岗工作。参加施工用电设施安装、运行、维护人员应熟练掌握触电急救和人工呼吸法。

（11）承包商临时用电设施除经常性的维护外，还应在雨季及冬季前进行全面地清扫和检修；在台风、暴雨、冰雹等恶劣天气后，应进行特殊性的检查、维护。

（12）各承包商负责的配电室、开关柜及配电箱应根据用电情况制订用电、运行、维修等管理制度以及安全操作规程，运行、维护专业人员必须熟悉有关规程制度。用电配电设施应根据规定加锁、设警告标识，并设置灭火器等消防器材。施工电源使用完毕后应及时拆除，留有的电源线头可带电部分无论是否带电都应进行绝缘包扎处理。

（13）项目部督促承包商现场用电安全管理情况每月进行监督检查，项目部安全监察部对承包商监督有效性进行确认。

第十二节　动火作业管理

（1）施工阶段明火作业前应办理内部动火票经批准后进行，办理动火票应查看现场动火环境，掌握动火部位危险点，制定可靠的防火措施。动火作业结束应及时销票。

（2）明火作业应清理动火区域周围易燃易爆物、落实防火隔离措施、配备消防器材、设置动火监护人后方可进行，作业中应注意动火周边环境变化，发现火险及时处理。

（3）明火作业结束应清理动火区域余火，清理动火作业余热件，切断焊接电源、关闭气源，确认无火险隐患后方可离开。

（4）大风天气严禁露天明火作业。

第十三节　土石方开挖安全管理

（1）现场运输车辆必须证照齐全，驾驶、操作人员必须持证上岗。

（2）基础开挖必须事先向总承包项目部提出申请，办理土石方开挖工作票，经批准后，方可作业，影响交通的考虑好临通道的铺设。

（3）进行基础开挖前，首先确定开挖地点有无重要力能、热能管道，如有管道、电源线等物，采取必要的防护措施，并派专人监护。

（4）进行机械开挖时，挖掘机必须有专人指挥，旋转半径内严禁站人，严禁利用挖斗传递物品，严禁挖斗从车辆驾驶室上方越过。

（5）施工期间必须经常检查边坡稳定情况，发现边坡有开裂、走动、塌滑等情况应及时采取相应的处理措施。基坑周围应设有防水围堰，开挖过程中应及时修整边坡，防止滚石。

（6）夜间施工时，必须照明充足。

（7）所有电动工具和机械每天在使用前必须进行

全面检查。

（8）开挖使用的机械在现场必须停放整齐，工器具、材料要划定区域分类摆放整齐。

（9）厂区车辆行驶速度不得超过 15km/h，驾驶室外和车厢上不得站人，严禁人货混装，倒车时必须有专人监护。

（10）超过 1.5m 深基础、沟道开挖应搭设防护栏杆，栏杆按照标准搭设。栏杆距离基坑边缘不得小于 1m，栏杆上应悬挂警示牌以及夜间警示灯。

（11）大中型开挖工程基础 1m 以内严禁堆放材料和土石方，防止发生塌方。挖掘机停机位置应离开基坑边线 3m 以外，防止造成塌方事故。距离铁路、公路路基石下口 1.5m 范围内禁止开挖。

（12）进行土石方装车时，严禁超高、超载，防止运输时掉土造成“二次污染”。土石方运输时，土石方要运到指定地点堆成梯形，平整到位并覆盖防尘网，行车时要指定专门的路线，定人对运土的路线进行清扫。

第十四节 作业票管理

1. 管理要求

（1）一般危险作业项目的安全施工作业票，由承包商技术员（工程师）负责填写，报承包商有关部门批准后负责交底，班长组织实施。

（2）特殊或重要危险作业项目的安全施工作业票，由承包商专业主任工程师（技术负责人）负责填写，报有关部门批准后，应亲自进行交底，项目负责人组织实施。

（3）重大危险作业项目的安全施工作业票由承包商总工填写，总承包项目部工程部门和安全部门审核，总工批准。

（4）总承包项目部、承包商工程部门安全部门分级负责安全施工作业票的审核及安全施工作业票措施落实情况的审查、监督并备案。

（5）承包商及总承包项目部总工分级负责安全施工作业票的审批，对特殊或重要、重大的危险性施工项目，应亲临现场监督指导。

（6）各级安全管理人员应按分级原则，对所审核的施工作业票的项目施工进行过程监督。

2. 实施要求

（1）作业票应在危险作业项目施工前当日办理，特殊情况需提前办理时不得超过 24h。原则上办理作业票的作业项目应在当日完工，特殊情况应在 3 日内完成，否则，应重新办理作业票。

（2）施工作业票办理后，施工环境发生变化时应重新办理作业票。

（3）填写施工作业票的技术人员必须深入施工现场，制定针对性的防范措施，做到安全施工作业票填写的合理、可操作。

（4）施工作业票内容除执行安全施工技术措施外，要填写所使用的机具和安全防护用品、用具及完好状况、夜间照明、人员分工、施工起止时间、监护人、负责人等内容。

（5）凡办理施工作业票的作业项目，施工前由编制填写人员进行安全技术措施和安全施工作业票内容交底，参加施工的人员要签名，交底记录由交底人保存以便备查。

（6）凡办理施工作业票的项目，应设专人进行安全监护。

（7）凡办理施工作业票的项目，其所属单位的安全管理人员必须现场检查安全措施实施情况，凡措施没有落实的，不得进行施工。

（8）凡办理施工作业票的项目，施工负责人和安全监护人应与施工区域其他单位及有关部门联系协助，确保安全施工。

（9）必须填写施工作业票的危险作业项目：

1）起重机超过90％额定负荷起吊或吊运物体庞大、施工环境复杂、危险性较大的吊运作业，两台及以上起重机抬吊作业，移动式起重机在高压线下方及其附近作业，起吊危险品。

2）超载、超高、超宽、超长物件和重大、精密易损、价格昂贵设备的装卸及运输（如大型变压器吊罩、吊芯、发电机穿转子作业等）。

3）油区进油后明火作业，在发电、变电运行区作业，高压带电作业及临近高压带电体作业。

4）悬空作业、特殊高处及大型脚手架（包括整体提升架、大型模板支撑施工）搭设，金属升降架、大型起重机械及施工电梯、物料提升机的拆除、组装作业。

5）受限空间：设备内部（炉、罐、仓、池、槽车、管道、烟道）和隧道、下水道、沟、坑、井、池、涵洞、阀门间、污水处理设施等封闭、半封闭的设施及场所（地下隐蔽工程、密闭容器、长期不用的设施或通风不畅的场所等），水上、水下作业，沉井、沉箱、潮湿作业环境电气（包括焊接）作业、金属容器内作业，要求进入受限空间作业前要对空间的有毒有害气体进行检测，方可进入施工作业。

6）杆塔、架线作业，重要越线架的搭设与拆除，带电作业，土石方爆破，导地线爆压（如电缆接头爆破压接等）。

7）其他危险作业（如锅炉及其他压力容器的水压试验、酸洗、电气蓄电池配酸作业、在电厂投运区作业等）。

（10）代保管区域和电厂运行期间的作业项目施工按电厂运行规程办理相关作业票。

（11）施工作业票填写时一式四份（重大危险作业五份，交总承包项目部安全部门一份），施工班组一份，项目技术员一份，专业工地安全员一份，承包商安全部门一份。

第十五节　重大安全风险与重要环境因素管理

（1）重大安全风险与重要环境因素的辨识与评价工作由各承包商总工程师负责组织，辨识方法分别采用 LECD 法、评分法进行辨识。

（2）承包商负责施工范围内的危险源与环境因素的辨识、评价、预控工作，负责重大安全风险与重要环境因素清单的编制。

（3）总承包项目部负责审核承包商上报的重大安

全风险与重要环境因素清单，报监理公司审查后发布，负责相关作业项目实施的监督、检查工作。

（4）重大安全风险以及重要环境因素作业项目实行分级控制的原则。

（5）重大安全风险与重要环境因素清单及其评价、预控措施应每月（季）进行修正、发布。

（6）管理要求：

1）总承包项目部向各承包商提供辨识模板，由承包商总工组织相关专业、安全人员对照本单位施工项目按LEC法规定进行辨识、确定风险级别、采取措施，将清单上报总承包项目部审查。

2）承包商每月根据月度施工计划，编制施工项目的危险因素清单，并在清单中增加施工负责人、安全监督人员名单，报送总承包项目部，经审查后发布。

3）承包商在编制施工方案时要进行危险因素辨识，清单与方案同时上报，辨识的内容要与方案中的安全措施内容相符。

第十六节　危险品管理

（1）承包商应建立危险化学品管理制度，应根据管理要求实施对危险化学品采购、运输、储存、保管、使用和废弃化学品的处置等各环节管理，建立危险化学品管理台账，组织完成对危险化学品的各类审批手续。

（2）危险品采购人员应向具有危险化学品经营许可证的供应商采购，并在采购文件中要求供应商提供危险化学品的安全技术说明书及其他有关资料。

（3）危险品必须设置专用危险品库房，并粘贴醒目标识。对危险品及危险废品，集中存放，配置满足要求的消防器材和设施，专人管理，并按相关规定做好危险废品处理工作，尤其对于γ射源存放库房，必须确保安全可靠，严防丢失或被盗。

（4）作业人员在进行有腐蚀性物质或能使皮肤吸收毒物作业时，除配备足够适用的个体防护用具外，现场还应备有冲洗水，配备充足的急救器材和药品。

（5）对放射源使用管理要求：使用放射源的供方，应按照国家现行的国务院令 1989 第 44 号《放射性同位素与射线装置放射防护条例》，取得放射性同位素工作许可证。承包商应制定放射源管理制度，严禁将放射源借给无工作许可证的单位。使用放射源人员必须持有效证上岗，严禁无证人员上岗。

（6）放射源使用单位应对从事放射性工作的人员按规定进行培训、考试合格，并取得合格证；对从事参加射线探伤的人员必须定期进行体格检查，按国家有关规定执行。

第十七节　危险性作业管理

（1）进入坑井、孔洞、地下、金属容器、潮湿地点作业，必须使用不大于 12V 的行灯照明，并做好防止缺氧窒息措施，容器、坑井外应设安全监护人。

（2）拆除作业、临近电作业、爆破作业、吊装作业、射线探伤等危险作业场所应有醒目的警戒、警告标识，夜间使用自激闪光灯作警告标识，并有专人监护。

（3）坑井、孔洞、陡坎、土方开挖区、高压带电区、重点防火区必须设围栏（墙、网）、盖板，并有明显标识，易燃易爆品应单独存放。

（4）执行国家、行业、集团公司、总承包等的其他相关规定。

第十八节　焊接作业管理

（1）焊工应经过专业培训，做到持证上岗。

（2）焊工应遵守焊接安全规定，严禁在带压的设备和盛装过油脂与可燃气体的容器上进行焊接工作，严禁在易燃材料附近及上方进行焊接工作。

（3）各类气瓶使用符合安全要求，固定设施牢靠、美观。

（4）火焊皮管不得妨碍通道，要求按固定通道方式布置，做到整齐、美观。

（5）锅炉、主厂房等焊接和气割作业集中区域设置力能集中布置。

（6）电焊二次线应使用软橡套电缆，禁用铝芯线作电焊二次线。

（7）高处电火焊作业应制作、使用“焊花隔离器”和“火焊切割平台”，防止造成火灾以及火花四处飞溅烫伤他人。

第十九节　成品保护管理

（1）承包商必须制订现场成品保护管理办法及具体保护方案，防止“二次污染和破坏”。

（2）设备安装后需实施遮盖保护；对于设备上方或周围存在危及设备安全的作业时，须对设备进行隔离保护，并重点对电气、热工仪表盘柜，设备保温外护板、小管道、成品楼层地面、混凝土楼梯及其扶手、混凝土结构梁柱、门窗工程成品、土建施工结束后的柱与墙面实施保护。

（3）油漆与保温、粉刷、起吊等作业应采用主动保护措施，防止对其他成品造成污染与损坏。

第二十节　消防、交通安全管理

（1）承包商必须健全消防、保卫网络，制订严格的管理制度，编制消防保卫计划及措施。要求现场主要区域消防应急和定置管理要进行相应的专项策划。

（2）在安全生产委员会领导下成立消防安全管理领导小组，总承包项目部总经理为组长，副总经理、总工为副组长，各部门及各承包单位主要负责人、专职消防安全管理人员为小组成员。消防管理领导小组下设消防监督管理办公室，总承包项目部安全负责人担任办公室主任，总承包安全管理人员、综合管理部保卫主管及各施工单位安全管理人员及消防保卫人员为办公室成员。

（3）各承包单位应成立本单位的消防安全管理领导小组，设置本单位专职消防管理人员，开展本单位的消防安全管理工作，并成立本单位义务消防队。承包单位应按照防火、防爆管理要求配置相应的消防器材及消防设施，并进行日常检查维护和巡检记录填报工作。

（4）施工单位应建立相应的消防器材及设施台账、平面布置图和相应的消防器材数量，并把消防器材数量和平面布置图建设管理项目报项目监理单位、项目安监部备案。施工单位不得随意变动消防器材的位置和数量，禁止将消防器材挪作他用。

（5）灭火器的配置数量应严格按照 GB 50140—2005《建筑灭火器配置设计规范》经计算确定，且每个场所的灭火器数量不应少于 2 具。

（6）总承包项目工程管理部门对现场临时消防水系统进行统一策划，并组织相关施工单位实施。

（7）施工单位应建立本单位的重点防火部位清单报项目监理单位、项目部安监部审批备案。重点防火部位应按要求设置安全警示牌并挂设“重点防火部位管理责任牌”，明确重点防火部位的名称、责任单位、责任人、联系方式、防火要求等内容。

（8）开展消防、保卫、交通安全知识教育与培训，提高全员消防、保卫、交通安全意识与技能。

（9）建立并严格执行动火管理制度，现场严禁生火取暖和使用电炉取暖等危险行为。

（10）承包商现场各机动车驾驶员应持有相应的有

效证件，并按计划组织机动车驾驶员证件的年审工作，保证证件的有效性。

（11）各承包商应组织机动车驾驶员安全活动，进行交通安全法规、交通安全知识的宣传教育。

（12）机动车驾驶员必须认真做好车辆的日常维护和保养，保持车辆整洁、车况良好。

承包商交通管理部门每月至少组织一次对车辆安全状况的检查，对不符合使用要求的要及时进行修理，修理后仍达不到使用要求的禁止现场使用。承包商应指定检修点对车辆进行检修作业和车辆冲洗，维护保养和冲洗产生的废油、废液不得对环境产生污染。

（13）综合管理部应对进入现场的机动车辆实行通行证管理，供货商或设备厂家临时进场车辆实行临时通行证制度，并暂时借用安全帽等个人防护用品，离场时归还。

（14）进入现场的机动车辆应遵守以下规定：现场机动车辆应限速行驶，一般不得超过 15 km/h。道路转弯或危险区域按要求设置明显的路标或警示标识，运输繁忙地段设临时交通指挥等。车辆在现场道路行驶，驾驶人员必须系安全带。用吊车装卸货物时，机动车驾驶员和随车人员应离开车辆。装载危险品的车辆，中途停歇或遇雷电时，应远离房屋、输电线、森林、桥梁、隧道等 200m 以外停放，驾驶员和押运人员不得同时远离车辆。装载危险品时，必须自觉遵守各类危险品库（站）的相关规定。夜间或道路临时装卸作业，负责临时装卸作业的单位应按规定设置红色警示灯并设置隔离区域。装载危险物品的车辆，必须保持车况良好，配备适量的灭火器材。危险化学品不得超装、超载，不得进入危险化学品运输车辆禁止通行的区域，确需进入禁止通行区域的，应当事先向当地公安部门报告。

装载危险化学品的车辆必须有明显的标识，不许随意停放，只能按规定的路径停放到规定的位置。不准在载有危险物品的车辆旁吸烟及其他明火作业，不准将易发生化学反应的危险化学品同车运输（如炸药和雷管、电石和氧气瓶等）。

（15）项目部督促承包商每月组织一次对承包商机动车辆和驾驶人员遵守交通安全管理的情况进行监督检查。

（16）现场治安警卫工作，严格按照管理单位“人员、机械进出现场管理制度”执行。要求道路交通标识满足国标要求。要求厂内所有车辆必须有声光报警装置。

第二十一节　施工机械与特种设备管理

（1）施工承包商应建立健全施工机械与特种设备管理体系、网络，明确各自安全责任，预防事故发生。

（2）总承包项目部、监理机构、施工承包商应建立机械入场、方案编审批、机械检查、机械安拆、机械使用等相关安全管理制度，建立相关管理台账。

（3）施工承包商应根据大型机械与特种设备数量设置管理机构或专职机械管理人员。

（4）施工承包商机械入场须执行总承包项目部关于机械安全管理的相关规定、制度。要求厂内所有车辆必须有声光报警装置。

（5）塔式起重机机龄超过10年的老旧起重机械不得进入施工现场。

（6）大型起重机械管理按照“严把五关”要求管理，重点做好以下工作：

1）严把大型机械进场准入关。施工承包商大型机械进场必须履行告知手续，提前五天报进场计划，备齐机械和人员相关资质证件报批备案，大型机械进场前由门卫通知监理机构、总承包项目部安监部组织，监理参加，对施工承包商机械管理人员和安监部门分管专工进行资质证件和车辆外观检查，手续不全及锈蚀严重的严禁进入施工现场。塔式起重机、门式起重机资质证件齐全，标准节或结构构件存在锈蚀的必须重新除锈刷漆。

2）严把大型机械作业人员和安拆队伍准入关。要求起重机械作业人员包括起重机械操作工（各类大型机械司机），大型机械安装工（机械安装、电气安装），起重机械安装维修（机械维修、电气维修）、电气安装维修、机械安全管理人员，起重机械指挥人员等，上述人员必须持有相关政府部门颁发的有效证件上岗。

3）严把大型机械的安装和拆除方案的评审关。要求方案编写人员资质符合要求，施工方案安全措施、危险源辨识和预控措施全面有针对性。方案严格执行编、审、批工作流程。现场大件吊装按照规定要求办理施工作业票，对全体施工人员进行安全技术交底后方可施工。

4）严把大型机械的安全检查整改关。加强起重作业过程的安全控制，对大型机械和特种设备安装和拆除实施全过程旁站监督。严格落实安全技术措施，施工承包商、监理机构定期开展安全专项检查，重点检查机械使用状况和维修保养记录等。

5）严把机械的使用管理关。建立机械管理网络体系，制定机械管理制度，完善机械管理台账。要求施工承包商设大型机械管理部门，专人负责大型机械的管理，定期组织召开安全专题会议，组织安全专项检查，落实好隐患排查整改工作。

（7）大型机械及特种设备安装完成承包商自检合格后，向监督检验机构申请监督检验，取得监督检验报告和合格证后报项目部安全监察部、项目监理单位备案方可投入使用。

（8）承包商大型起重机械超过 5 台时，必须设置机械管理人员或部门，按照其制定的管理制度对在用施工机械、特种设备进行日常的维修保养，确保满足使用要求。

（9）承包商应按照国家和行业要求，对在用大型机械及特种设备的安全技术性能状况实行定期检验制度。按期向当地的监督检验机构申请检验，及时更换安全检验合格标识中的有关内容。安全检验合格标识超过有效期的特种设备不得使用。承包商应建立特种设备管理台账，并对每台设备建立管理档案。

（10）项目部安监部每月组织一次起重机械等特种机械专项检查。项目部督促承包商每月组织一次对现场大型机械及特种设备管理情况的安全专项检查，项目部安全监察部对承包商监督检查的有效性进行检查确认。

第二十二节 分承包商管理

(1) 施工承包商、总承包项目部应在各自职责范围内对分包商进行安全资质审查，审查不合格的不得录用。对于上年度出现死亡事故的分包商不得录用。

(2) 施工承包商进行专业分包须经总承包项目部同意，且不得再次进行专业分包，劳务分包不得再次进行劳务分包。

(3) 施工承包商在与分包商签订承包合同时，按合同约定作为安全文明施工保证金。

(4) 总承包项目部严格监督检查承包商对分承包商安全管理的实施情况，对管理不力的承包商，将按照安全奖惩制度进行考核。对于管理混乱、不听指挥、安全事故不断的分包商，总承包项目部有权建议予以解除合同。

(5) 现场所使用临时工必须签订正式劳动合同，纳入班组统一管理。临时工入场必须进行体检（县级医院）、三级安全教育等，合格方可使用。

第二十三节　安全帽、人员着装管理

（1）各承包商人员穿工作服，统一着装，本单位安全帽统一色彩标识。电工、焊工、架子工、起重工等特殊工种资质证件审查及技能鉴定合格后发放有特殊工种字样标识的安全帽帖，统一与准入证核准发放管理。

（2）专职安全管理人员统一穿橘红色安全工作服。

（3）承包商进入现场人员必须穿反光背心，总承包统一标准样式，背心上印有各单位名称、标识，不同单位间采用不同颜色区分，背心背面清晰人员信息，如特殊工种人员、安全管理人员、质量管理人员、厂家、工代、访客等。

第二十四节　疫情防控管理

（1）强化疫情防控意识，落实疫情防控主体责任，建立健全各承包商疫情防控责任体系，充分发挥各部门、各参建单位在疫情防控中的作用，制定疫情防控管理细则。

（2）所属各部门、各参建单位结合实际制定疫情防控方案和安全保障方案，要统筹考虑施工单位人员、临时派遣人员、保洁人员在内的所有人员，要求进行全面排查、逐个甄别，把好源头关，摸清健康状况、出访情况、与确诊或疑似患者及疫区人员密切接触情况，逐一建立翔实、准确的信息档案。组织疫情联防联控应急指挥部工作小组有关人员定期召开会议，通报疫情发展有关情况，研究安排下一阶段工作。

（3）组织制定返岗方案、疫情防控应急预案、复工复产方案、疫情管控及安全保障方案并组织实施。包括领导体系、责任分工、排查制度、分批返程安排、日常管控、后勤保障、信息报告、应急处置等内容，细化落实到各分包商、专业班组，建立全流程复工复产和疫情防控台账。

（4）施工现场人员或者通勤车辆人员，如发生体温异常应采取如下应急处置措施：

1）体温异常人员立即将自己体温情况，是否存在发热、干咳等症状汇报至本单位（部门）负责人处；单位（部门）负责人立即向工程项目部疫情日常管控领导小组报告，由工程项目部上报至疫情日常管控领导小组处。

2）如其他人员发现发热病人时，各部门、各参建单位负责人必须立即上报。

3）现场发现发热病人后，发现者立即给自己和发热病人戴上口罩，减少与其他人员接触，并询问有无与新型冠状病毒肺炎病人及疑似病人接触史，是否去过病原地，确定初步发热原因；立即向新型冠状病毒肺炎疫情防控办公室和第一责任人汇报，说明发热情况。

4）工程项目部立即安排保安人员着防护服、佩戴一次性医用口罩、防护眼镜对发热病人所处的办公区域或者施工区域、宿舍进行隔离，同时封闭进出口，仅保留唯一出入口。控制人员出入，同时对出入人员进行健康状况检查，发现发热、干咳人员立即隔离观察。在厂入口设立体温检查点，进出人员进行体温检查，对出入车辆进行消毒，原则上禁止人员来访，如地方政府或上级来场督查，门卫值班人员必须按照要求佩戴齐全防护服、口罩，对来访人员进行体温检测、询问、登记等。

5）工程项目部会同防疫责任部门责任部门立即召集防疫领导小组召开防疫视频紧急会议，根据发热病人的情况及时启动疫情相应级别的应急预案，通知相应的防疫工作小组立即开展应急处置工作。

6）工程项目部会同火电防疫责任部门责任部门立即安排疫情保障人员，佩戴口罩，着防护服、防护眼镜等，准备好消毒、消杀器具，安排好防疫应急车辆。对发热病人污染的场所、物品，做好消毒处理，必要时请疾病控制中心进行专业消毒。对发热病人的疫区、空间、交通工具、病人接触过的物品、呕吐物、排泄物，进行有效消毒；对不宜使用化学消杀药品消毒的物品中，采取其他有效的消杀方法；对价值不大的污染物，采用在指定地点彻底焚烧，深度掩埋（2m 以下），防止二次传播。防疫保障人员的口罩用后要统一回收处理，与患者接触后应用肥皂等彻底清洗双手。

7）发现人员对发热病人在做好自身防护的前提下，禁止发热人员随意走动，发现人员应做好自我防护的前提下立即疏散周围的同事至安全距离，同时与发热病人保持 1m 距离监测发热人员状况。发热病人如在通勤车辆上，发热病人立即下通勤车，联系工程项目部或防疫责任部门安排保障人员正确着防护口罩、防护服、防护眼镜，安排应急车辆及穿着符合防护要求的司机根据防疫责任部门的指示，首先到发热病人地点按照流程将发热病人护送到指定房间进行隔离；如发热病人在施工现场，则立即安排穿戴符合防护要求的保障人员联系工程项目部或防疫责任部门派遣防疫应急车辆，司机按照要求进行规范着装（防护服、一次性医用口罩、防护眼镜、防护手套）到发热病人地点后将发热病人拉至办公区西侧留观室（原医疗室）进行留观。应急车辆接送完发热病人后立即对车辆按照程序使用酒精进行擦拭消毒。

8）各单位后勤保障人员及时对发热病人密切接触者隔离进行临床观察。对需观察隔离的员工设置专门的隔离区，负责安排好被隔离人员的生活必需品的配给。

9）如体温异常人员高热不退，则立即向工程项目部疫情日常管控领导小组报告。

第三章

安全、质量支持系统一体化及 5G 智慧化电厂应用

第一节　安全管理支持系统

1. 门禁系统

根据要求，结合实际，主进场路和次进场路分别设置门禁（门禁系统控制室使用钢化玻璃或不锈钢钢板采用框架式结构拼接而成，结合现场实际情况增设空调并在框架外侧顶部设置 4 块电子屏，用于显示天气信息、安全风险提示、重要通知信息等。门禁旁设置 3 处安全自查镜，用于人员进场前个人防护用品佩戴、仪容仪表自查）、车辆通道，进行人员及车辆的出入管理。其中，主进场路设置 8 台闸机见图 3－1（a），次进场路设置 2 台闸机见图 3－1（b）。实现区域控制、出入人员和车辆信息统计、访客管理及实时信息显示功能；采用刷卡、人脸识别技术＋红外体温测量（体温不能超过 37.2 ℃）同时进行人员信息验证，其中任意一项不符合要求即不能通行，根除以往人证不符的弊病。与火电安全支持系统现场安全管理、安全培训模块建立数据接口，人员违章累计达到预设积分或频次后，现场安全管理模块发指令要求门禁将该违章人员实施禁入，通过教育培训合格后，重新开通通行权限，对严重违章人员实施永久禁入。

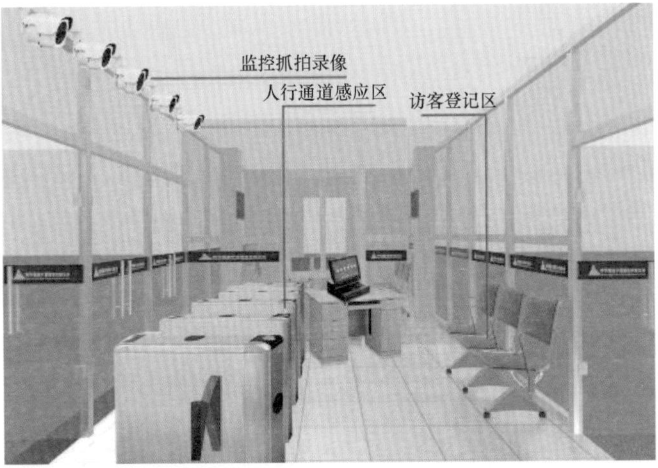

（a）

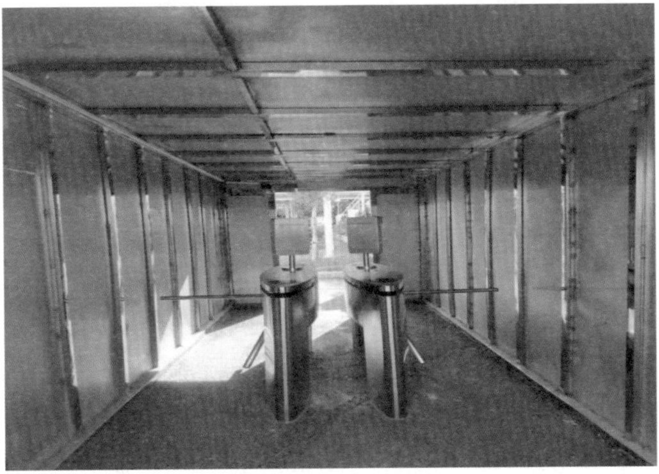

（b）

图 3－1 现场门禁系统

（a）主进场道路门禁；（b）次进场道路门禁

通过对 PAP 管理平台与门禁系统的软硬件兼容，实现人员制卡申请、信息录入查询流程电子化，见图 3－2。申请制卡主要录入信息：姓名、职务或工种、制卡照片、三级教育卡片（扫描件）、体检表（扫描件）、身份证（扫描件）、岗位资格证等内容后，审核信息不全或资质证件不合格，不予办理门禁卡，严禁进入现场。通过门禁系统，实现对人员入场安全培训、资质证件、体检等有效管控。具体制卡及门禁管理要求依据《火电工程项目安全保卫管理办法》执行。

图 3－2　PAP 管理平台人员制卡管理平台

具备制卡条件的人员，人员信息通过 PAP 系统与门禁系统数据共享，点击对应的人员进行卡片打印。卡正面为人员基本信息，背面为二维码信息，施工现场可通过安全管理手机 APP 扫描可读取人员相关信息，用于安全管理人员现场随机检查。门禁卡分为三种，见图 3－3。

现场执行人员违章信息黑名单制度，人员违章信息与

用于承包商员工　　适用于特殊人员　　适用于一般访客、临时进场人员

图 3－3　门禁卡人员信息及分类

门禁系统关联，实现准入控制，人员违章按性质分为四级处罚：轻微违章记 1 分；一般违章记 2 分；严重违章记 3 分；特别严重违章，直接进入“黑名单”。凡违章累计达到 5 分者，门禁卡通行权失效，必须接受 4h 安全再教育培训、考试，考试合格，个人积分清零，记录备案后，方可重新开启门禁卡授权进入现场。再教育累计超过 2 次者进入黑名单，在火电现场“禁入”，见图 3－4。具体违章行为积分及考核处罚根据《火电工程项目黑名单制度实施细则》《工程项目部安全文明施工奖惩实施细则》《工程项目“四个 1”罚则实施细则》相关要求执行。

2. 无线视频监控系统（需结合现场总平图后再进行详细规划）

策划设置监控点 62 个，其中，现场设置 12 个

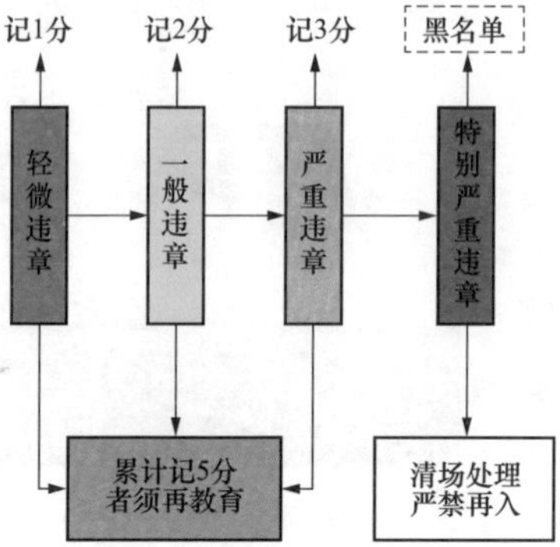

图 3-4　现场人员违章处理流程

（主要设置在塔吊、高耸建筑物或照明灯塔上），高杆灯架上已设置 4 个，主次进场路门禁遮阳棚下方各设置 2 个，主次进场路车辆摆闸旁各设置 2 个，厂区围墙设置 30 个，生活区增加 2 个，其余位置将随工程进展陆续实施（烟囱提升架设 2 处）。设置集中监控调度室，分区设置工作台，由施工单位专人负责管理，见图 3-5。可通过远程实时查看，监控画面与现场集中监控室显示屏联网实时显示，对车辆出入、施工区作业状态、安全设施人员违章等重点监控，硬盘录像机对现场录像资料及时保存。同时，丰富公司各级管理人员及时、多角度、全方位了解区域安全文明施工、质量、进度等情况进一步提升现场动态管控。

图3-5 集中监控调度室

3. 可视化大屏

现场设立1块LED显示屏（主进场门禁合适位置设立1块），应考虑冬季防冻，项目建设期间提供信息展示、安全风险提示、安全宣传交流的平台，即时对入场人员信息统计、现场监控画面显示及安全违章现象曝光等，见图3-6。

4. 移动安防系统

借鉴其他项目良好实践，现场锅炉零米吊装、脚手架拆除的施工危险区域采用太阳能红外对射报警器，与现场隔栏配合使用，对围栏上方区域进行监控，一旦有人越过，会触发报警器，监控信息传至主控制器界面，指示报警位置，并将报警信息通过短信和电话的形式发送监控人员手机，可以有效监督、防止无关

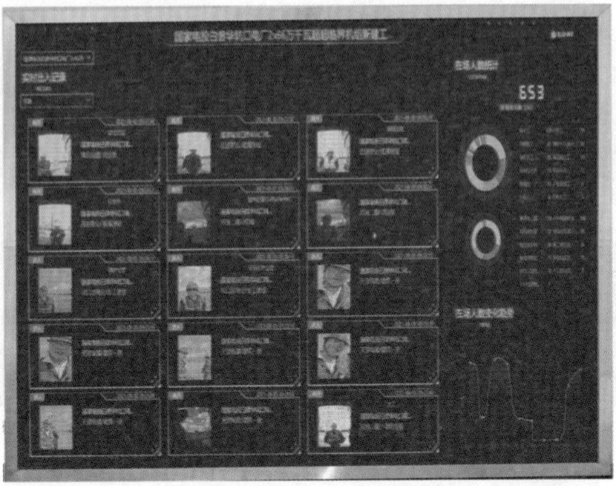

图 3-6　现场可视化 LED 显示屏

人员进入作业区域，见图 3-7。

图 3-7　太阳能红外对射报警器

5. 安全培训考试系统

安全培训考试采用培训考试系统，要求专人管理并进行培训，对来访人员讲解。其中，安全教育培训管理实行一人一档制度，规范三级安全教育试卷、三级安全教育卡、岗位安全风险告知书、体检报告书、资质证书复印件、保险单管理，并在PAP安全管理支持系统中同步建档，便于保管、查阅。总包方组织第三级安全教育培训并通过考试系统完成，该系统集成学、练、考三大模块，考试模块具备差异化出题功能；内容丰富，培训内容广泛涉及全员入场安全教育、专项安全培训、质量管理导则培训。

利用5G智慧电厂技术，轻松实现承包商人员从入厂实名登记、安全教育、施工作业到离厂实行全过程监控和管理，实现外包工程的全过程规范管理，过滤屏蔽承包商带来的安全风险。

6. 人员定位管理

使用5G智慧电厂技术和智能芯片等技术实现人员定位功能，能够实时检测到位置、人员信息，通过在移动端实时数据整理、分析，清楚了解工人现场分布，实现人员精准定位，为项目管理者提供科学的现场管理和决策依据。

7. 四口五临边智能防护

通过建立四口五临边智能防护，可以实现对四口五临边重点防护位置进行防护。实现灵活安装，实时记录违规行为等功能。避免发生坠落、误触碰等事故，见图3-8。

通过：建立四口五临边智能防护预警
实现：灵活安装，实时记录违规行为等功能。避免发生坠落。

图 3-8　四口五临边智能防护

8. 噪声扬尘监控

通过运用 5G 技术、扬尘和噪声检测设备，以及降尘喷淋设备、定时洒水车的使用，可以实现实时采集建设工地区域内气象数据，监测项目施工现场环境，实现对建设工地防控扬尘噪声污染起到至关重要的作用。通过降尘喷淋设备、定时洒水车的使用，减少施工环境污染，提高了施工环境管理的及时性，实现对施工作业环境的准确监测防控环境污染，见图 3-9。

9. 手机终端 APP 实现无延迟画面

利用移动手机终端设备运用 5G 网络实现相应功能，可以轻松实现远程监督施工现场全面情况，点对点通信无延迟，见图 3-10。

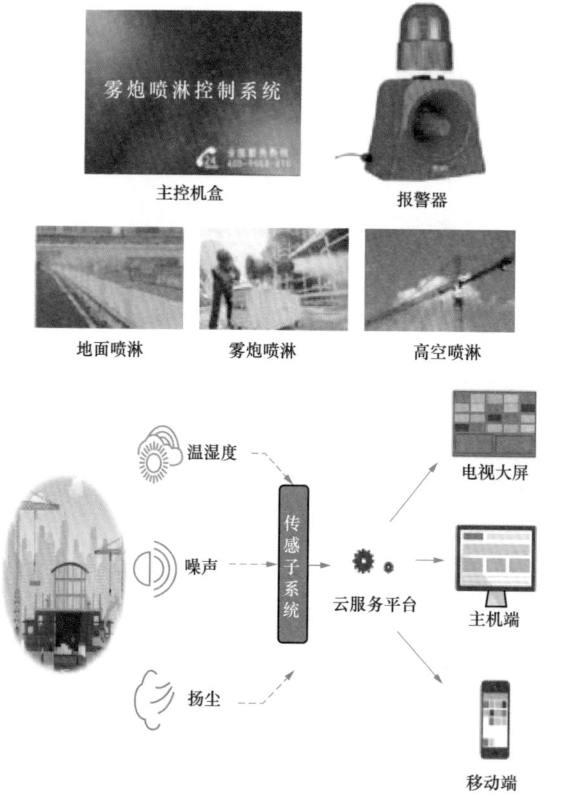

图3-9 基于5G技术下的噪声及降尘喷淋等设备应用

10. 塔吊防碰撞安全防护系统及可视化管控

通过5G和传感器以及高清摄像头的结合使用，实时监控塔吊运行情况，实现了开放式的实时塔吊作业监控，为塔吊安全运行提供安全保障，避免因操作人员出现作业盲区进行错误的操作，造成塔基的安全事

图 3 - 10　手机终端远程视频监督

故，实现对其工作状态的安全保护监测。对主厂房、锅炉、脱硫、附属等存在交叉作业及碰撞风险区域大机械设置防碰撞系统及夜间照明灯带，通过提前输入塔吊坐标、主臂高度、主臂长度等数据，结合传感器测量的数据，建立塔吊及塔吊群模型，模拟塔吊碰撞情况。通过设置 10m 内预警、5m 内报警断电实现塔吊防碰撞安全防护科技化。通过主入口监控屏幕，可以实施查看塔吊作业旋转轨迹，见图 3 - 11。

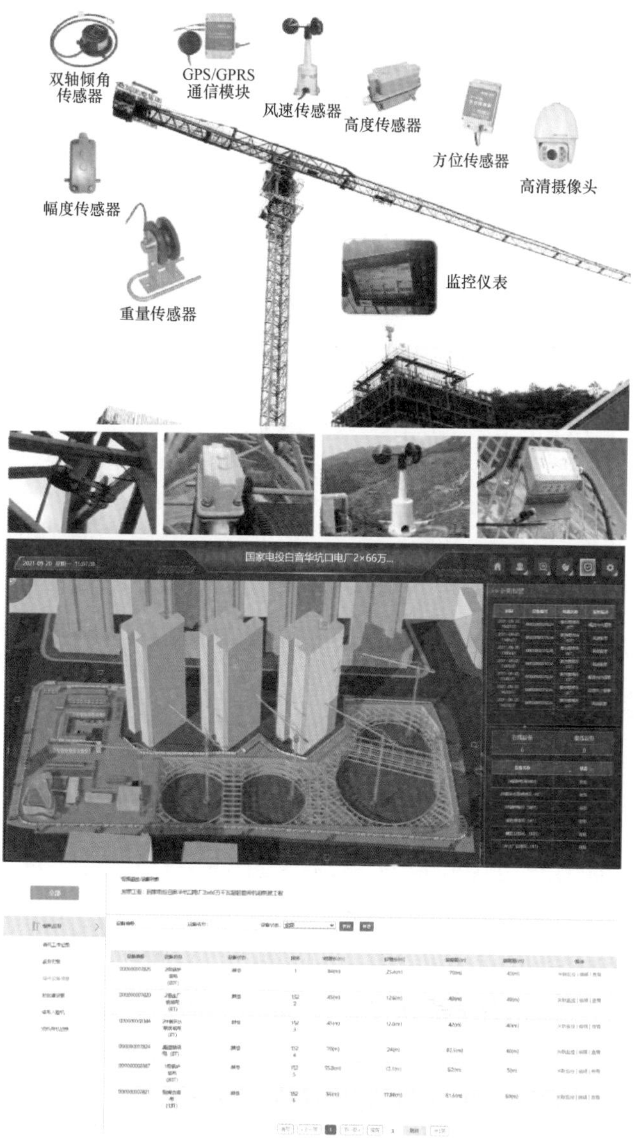

图 3-11 基于5G技术的塔吊防碰撞安全防护系统及可视化管理

第二节　质量支持系统

质量支持系统还处于开发阶段，目前，总承包总部相关部门正在全力推进，具备应用条件后，将在工程项目推行，实现安全、质量管理支持系统一体化，运用后，能够实现以下功能：

1. 标准清单管理

根据不同工程类型划分相应的质量法律法规清单；总承包总部统一管理，实时更新。项目可直接查询使用，实现质量法律法规、质量规程规范在移动端查询功能。

2. 经验反馈管理

细化公司经验反馈系统信息分类，增强质量经验反馈信息的综合查询功能。

3. 质量过程管理

实现联系单与回复单流程贯通，将工程、技术类别等联系单统一规划子项。

实现质量奖罚和不符合项管理专业分类，便于后续查询统计。

实现移动端拍照上传发起、回复不符合项功能，增加检验试验报告移动端查询功能。

加强检验试验报告的监督管理，增加过程中查询统计功能。

实现移动端查询重大方案审批结果以及重大方案交底情况结果查询。

结合《火电工程质量检查验收管理导则》，把重要关键工序验收项目检查卡引入本系统。实现在移动端发起检查记录，调出检查卡，方便检查人员检查，见图3-12。

图3-12 使用质量支持系统中的移动终端对施工过程进行记录、上报

第三节　辅助信息化安全管理措施

在借鉴其他火电项目安全文明施工信息化管理良好实践基础上，采取以下管理措施辅助现场安全管理。

1. 安全实时处理及巡检系统

（1）安全实时处理系统。项目公司、监理公司、总承包项目部、承包商项目领导、主要工程及安全管理人员等手机安装 APP 办公软件，便于随时发现、随时处理安全违章，提高管理时效性，同时，还能够适时进行违章上报、查阅日常检查记录、专项检查记录、人员机械动态、数据统计、分析等，见图 3－13。

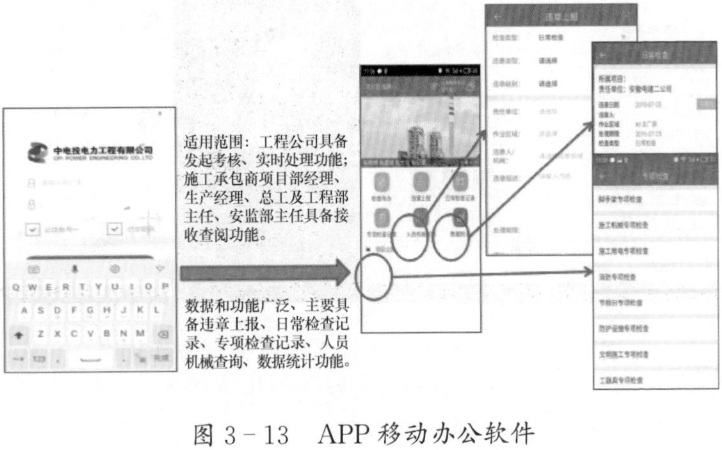

图 3－13　APP 移动办公软件

（2）安全巡检系统。根据实际，现场共划分19个责任区，现场每个区域设置特有二维码（生活区、办公区除外）；安监人员、专业人员、质量管理人员等通过手机APP办公软件进入安全巡检系统，扫描二维码即可记录其现场巡检轨迹、录入巡检发现问题等；可利用软件全面掌握区域责任人日常巡检发现问题通报处理及上岗到位落实情况，见图3－14。

图3－14　手机APP办公软件中的安全巡检系统

（3）根据实际，厂界围墙上部设置一定数量监控摄像机，可实现报警联动，每组电子围栏的控制主机通过节点连接到相邻的摄像机和报警器上，当报警发生时，监控中心弹出报警画面，警报器同步发出警报，摄像机同步捕捉警情画面，强化现场治安保卫工作，见图3－15。

图 3－15　厂区围墙监控及报警联动装置

2. 无人机

现场购置 1 台无人机用于辅助安全管理，无人机可航拍整体厂容厂貌、大型机械、高处建筑安装工程施工活动等，利用航拍图和摄像视频对全场安全文明施工规划、实施情况进行策划、分析、纠偏，对各种大面积作业区域如锅炉吊装区域、深基坑开挖区域、大型支撑脚手架、高空危险作业、特殊位置等进行巡视，便于发现、分析该区域的整体变化，辨析是否存在施工风险，见图 3－16。

3. 移动工作系统（企业微信号）

推行移动工作系统，使用手机等移动终端利用碎片时间处理问题，实时进行工作群组会话、会议预约、请假管理、工作日志填报、投票调研、工作检查布置等功能。实现信息分级、分类、及时跟踪扭转，确保信息传递安全畅通，杜绝泄密事件发生，见图 3 - 17。

图 3 - 16　应用无人机拍摄的现场效果图

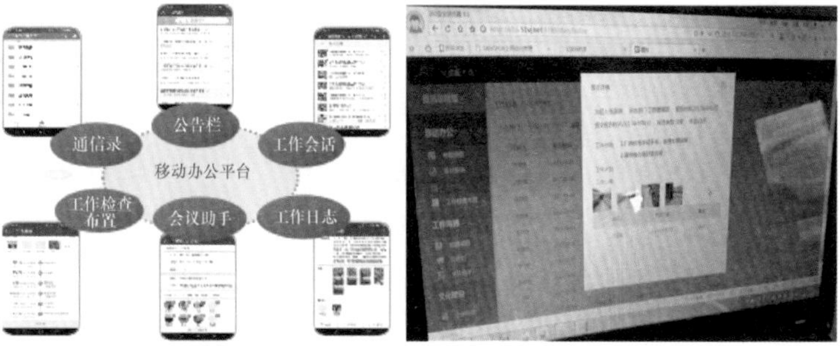

图 3 - 17　利用移动工作系统高效办公

4. 其他安全管理工具

购置 5G 执法记录仪 6 台，具备拍照、摄像、录音功能，能够动态记录日常安全巡检过程，智能分析巡检数据，对违章人员形成震慑，见图 3 - 18（a)。购置

7 座巡逻电瓶车 2 辆，日常用于保卫现场巡逻巡视，确保出现紧急情况时，能够快速到达并给予处理；上级单位检查、调研期间，用于贵宾访客参观现场通行，方便快捷，见图 3－18（b）。

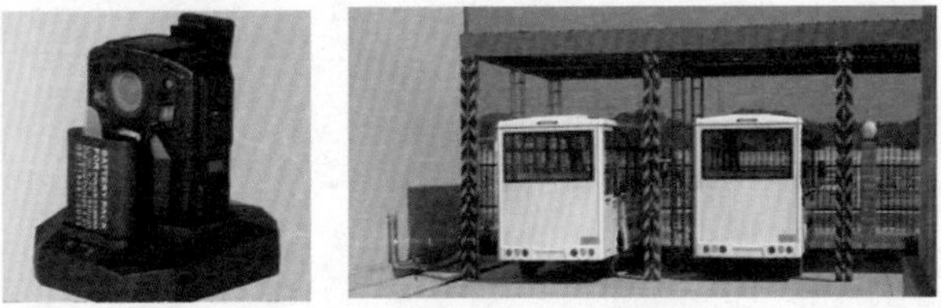

（a）　　（b）

图 3－18　其他安全管理设备在现场中的应用

（a）5G 执法记录仪；（b）保卫巡逻车

第四章

文明施工实施管理

第一节　策划实施管理职责

（1）现场整体视觉形象设置主要通过施工总平面规划及规范建筑物、装置型设施、安全设施、标识牌等式样、标准并配以视觉形象标准化设计、安全文明施工标准化图册的具体实施来达到现场安全、文明、和谐、美观的整体效果。

（2）本策划依据是《工程建设安全文明施工标准化图册》《安全文明施工标准化图册》（以下简称图册）以及《火电建设项目安全文明施工专项策划管理规定》。

（3）总承包项目部工程管理部负责现场安全文明施工整体策划具体实施工作。

（4）总承包项目部安全监督部门负责现场安全文明施工整体策划的监督、指导、管理工作。

（5）承包商负责承包范围内《安全文明施工策划实施方案》和《图册》的实施管理工作，属于公用部分的由总承包项目部统一策划管理或委托一家承包商负责实施。

（6）各标段的安全文明施工“二次策划”和单位工程策划由各承包商负责，并报总承包项目部审查，经批准后实施。

(7) 一般策划方案由承包商审查，总承包项目部安全监察部门、工程管理部审批，汽机房、锅炉房等重要的策划方案由总承包项目部安监部、工程管理部审核，总承包项目部分管副总经理批准。

(8) 现场施工总平面图规划图工作由总承包项目部负责组织承包商具体编绘实施。总策划的实施需要分阶段进行，门禁、监控、五牌两图等专项策划要有一个初步的实施计划。在第一罐混凝土浇筑之前，制定相应的需要完成策划项目的工作清单。

第二节 模块化管理

(1) 现场分为办公区、生活区、施工区、组合加工区四大模块区，区域模块之间通透式围栏隔离。要求生活区要进行详细的专项策划，重点包括整体布置、房屋样式、内部结构、卫生、用电安全、消防等方面。

(2) 模块区主要由现场混凝土道路、绿化带、排水明沟、通透网等分隔而成。

(3) 施工、设备堆放场模块区统一使用通透网封闭，各单位生活区采用通透围网封闭，办公区使用金属铁艺栏杆封闭。集中办公区、施工生活区及加工区等要设置集中垃圾处理点。

（4）施工单位临建办公区、生活区建设要求：

1）根据施工平面布置图，按布局紧凑合理、区域化和功能化管理的原则进行布置，考虑防洪、消防、用电和保卫等安全要求，结合现场实际情况统一规划。

2）办公临建为永临结合，墙体采用砖混结构，外侧加保温层，挂网抹灰外刷涂料，颜色同检修楼统一协调。屋面采用岩棉保温彩板，围墙为统一的铁艺围栏。

3）办公临建室内为地面砖，卫生间为防滑地砖。

4）生活区临建为彩板结构形式，墙身及屋面采用满足消防规定的岩棉保温板，屋顶为蓝色、板墙为白色。生活区大门结构和样式按照项目公司和总承包指定标准建设。

5）所有建筑室内外地坪要有高差，食堂、洗澡间必须装防滑地砖。

6）厨房操作间应为砖砌墙体，液化气瓶应设单独砖砌储存间并满足消防防爆要求。

7）办公区和生活区道路必须混凝土硬化并满足消防通道要求，消防设施和器材设置应满足 GB50720—2011《建设工程施工现场消防安全技术规范》的要求，由专人按照项目消防安全管理制度进行日常管理。

8）每栋彩板房设置独立照明电源箱，再分别引至每个房间的漏电保护开关；每栋彩板房应设置不少于2点良好的接地点，生活区应策划、设置良好的接地网系统；所有开关必须有漏电保护功能，配电装置和线缆选择应满足整体、单栋建筑和单间内的用电负荷要求；施工用电的布设应满足GB50194—2014《建设工程施工现场供用电安全规范》的要求，按照正式工程标准施工和验收；生活区二、三级电源盘应设置在与人员密集及通道区域保证足够安全距离的地带，并做好相应的安全警示和围栏等。

9）用水布置除应满足使用需求外必须采取保温防冻措施。

10）办公和生活区采暖采取集中供暖方案，在施工生活区建设临时锅炉房，供暖范围包括所有办公生活区。

第三节 区域定置化管理

施工现场实行安全文明施工责任区域定置化管理。按施工范围分为汽机房施工区、锅炉施工区、间冷塔、烟囱、脱硫、电除尘、输煤及附属建筑区；专业班组和工具间、钢筋（木工）场；安装加工配制场、化学危险品库房、氧气及乙炔库房；射源库；混凝土搅拌站、物资仓储区等。

施工责任区封闭原则如下：

（1）沿主厂房环形主干道（固定端道路—升压站主变压器中间道路—扩建端道路—炉后道路）靠主厂房一侧将锅炉房、汽机房、炉后实行大区域封闭。进入锅炉安装阶段后，拆除锅炉区域通透网，使用脚手管红白双道安全围栏单独封闭。

（2）安装组合场、加工配制场、混凝土搅拌站、钢筋加工场（木工场）、烟囱区、脱硫区、除尘区、升压站区域等应按照承包商建制采用浸塑钢网板独立进行封闭。

（3）其他辅助建筑安装区域沿施工主干道两侧进行大区域封闭。

（4）承包商现场专业工地办公区和班组集中区应采用通透网独立进行封闭围护。

（5）安全文明施工责任区主要由通透网、责任区主辅道路、路侧石（路肩桩）、绿化带、临时排水明沟、安全围栏进行隔离、封闭。责任区应设置门柱、安全标识、责任区相关图牌。

1. 开挖区域管理规划

（1）弃土管理：

1）土石方开挖应有合理的弃土方案和防塌方措施，并保证道路畅通。要求裸露的地面和土方采用碎石或防尘网进行覆盖。

2）基坑、沟道开挖出的土方，当天不能回填的必须立即清理运走（条件允许可就地平整），并堆放到指定的弃土场。土方在弃土场存放，应经常性进行成形（梯形）打方整理。

3）拉运土石方的车辆应有措施保证不散落造成对路面的污染，如有少量散落，应按照谁运输谁清理办法执行，违反将按规定给予处罚。

4）一般管沟开挖，原则上应采用分段和夜间开挖、防腐、回填，以减少对现场施工和文明施工形象的影响。

5）弃土场四周设明沟及滤土池，防止水土流失。弃土场宜采用彩板进行临时封闭。

（2）边坡管理：

1）在边坡上侧堆土（或堆放材料）及移动施工机械时，应与边坡边缘保持一定的距离。当土质良好时，堆土（或材料）应距边缘 0.8m 以外，高度不宜超过 1.5m。

2）工程中未做基坑支护措施的深基坑开挖（计划暴露在外一个月以上的），应采取铺设彩条布或其他方式进行有效防护，见图 4－1。基坑四周挡水沿采用砖砌挡水结构，砂浆抹面，刷黄黑油漆，四周采用彩砖或混凝土硬化，设置人行便道见图 4－2（a）。如果采用其他可以重复利用的挡水沿，要求达到的效果不低于砖砌挡水沿，具体方案需报项目公司审批。

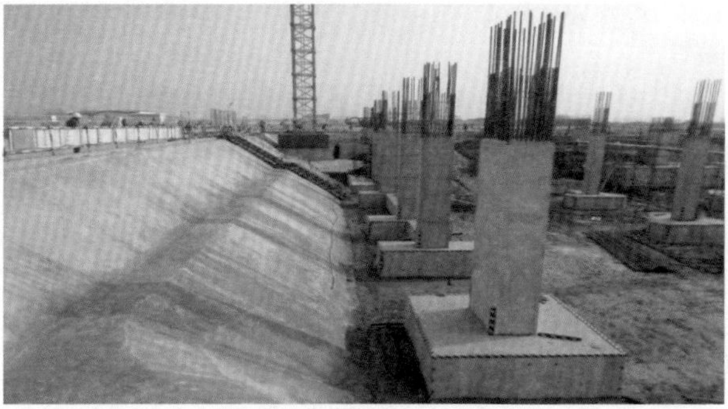

图 4－1 深基坑边坡进行混凝土硬化

3）开挖过程的边坡应设置安全警示带，边坡开挖修整后应设置防护栏杆。

4）边坡防护栏杆应设上下两道栏杆（上道栏杆高 1.05～1.2m，下道栏杆高 0.5～0.6m）和栏杆柱组成的防护栏杆，栏杆刷红白漆，道路边及截断道路设置的防护栏杆夜间应有足够照明或设置警示灯。

5）开挖施工中应设置人员上下基坑通道，设置上下基坑时应挖设台阶或铺设防滑走道板；若坑边狭窄，可使用靠梯；严禁攀登挡土支撑架上下或在坑井的边

（a）　　（b）

图 4-2　深基坑挡水沿及防护栏杆设置

（a）基坑挡水沿；（b）深基坑人员上下通道

坡脚下休息，见图 4-2（b）。

6）在夜间进行土石方施工时，施工区域应有足够的照明。

7）雨期开挖基坑（槽）时，应注意边坡稳定，必要时可适当放缓边坡坡度或设置支撑；施工时应加强对边坡或支撑的检查。施工中应采取措施防止地面水流入坑（槽）内。

2. 汽机房区域管理规划

（1）结构施工阶段：

1）汽机房结构施工期间区域外围全部用浸塑钢网板进行围护，并挂设安全警示标识牌和宣传标语牌，施工出入口处布置安全文明施工区域标识牌，厂房各层楼板地面施工完后，四周临边采用防护栏杆（加挡脚板）进行防护，防护栏杆与结构柱进行固定，见图4－3（a)。厂房内产生的孔洞用标准化移动围栏进行围护，并挂设安全平网（1000mm及以上），1000mm以下的孔洞用钢盖板进行防护，盖板刷黄黑色漆，要求孔洞盖板要求统一编号并加钢质铭牌，挂设安全警示标识牌。主要吊装孔的盖板采用相对先进可靠的安全防护方案，见图4－3（b)。

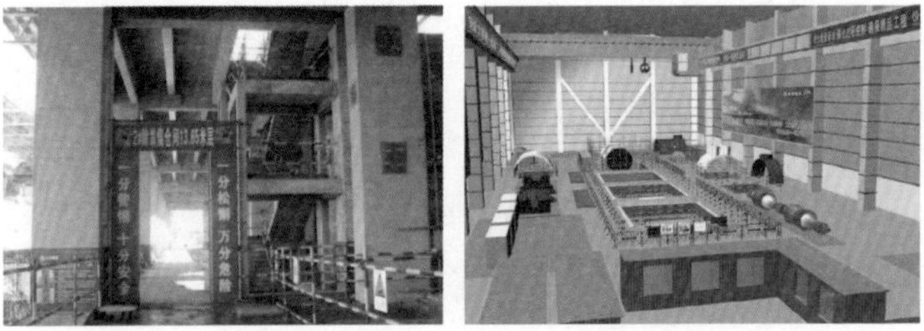

(a)　　(b)

图4－3　汽机房安全文明施工区域设置及临边空洞防护
(a）安全文明施工区域标识及临边防护；(b）厂房内部孔洞标准化防护

2）施工区域架体统一搭设，验收挂牌使用，施工架体在两端设置人员上下步道，步道出口处按照要求设置双层安全通道，悬挂注意安全、小心落物、系好安全带等安全标识及安全通道标识牌；电源箱搭设挑台存放，不允许放置在架体施工通道上；架体上根据实际需要搭设施工存料平台，存料平台必须由地面生根搭设牢固，不允许使用挑架做存料平台，存料平台需挂设允许最大载荷的标识牌，见图 4－4。

图 4－4　脚手架标准化搭设

3）脚手架的管理除按规定外，要求各施工单位购置脚手架钢管调制除锈刷漆一体机，用于脚手材料日常检修。节省人力，提高工作效率，避免不合格脚手架材料用于施工现场，规避脚手架管控部分安全风险，见图 4－5。

图 4－5　脚手架管统一进行除锈刷漆

4）汽机平台在汽轮发电机四周设置一圈标准化围

栏，布置区域责任标识牌，具体实施执行二次策划要求，四周用安全文化展板进行封闭防护，配备足够数量的专用灭火器材，见图 4-6。

图 4-6　汽机平台责任区管理

5）现场搭设脚手架安全宣传条幅架，高度为 2m，长度随字长而定，宣传标语要求背板（条幅）；在建筑物脚手架上的条幅一般统一为高度 1.2m，要求设置背板悬挂。

6）施工场地应自始至终保持平整。基坑、沟道开挖出的土方，必须立即清理运走（条件允许可就地平整），并堆放到指定的弃土场；运输途中，应采取防止土块抛洒的措施；土方在弃土场存放，应经常性进行成形（梯形）整理（制定土方开挖安全文明施工管理办法）。

（2）设备安装阶段：

1）针对现场情况施工作业应严格按规范，定置化、标准化管理。通过施工总平面规划并配以视觉形象设计达到现场视觉形象统一、整洁、美观的整体效果。在不同层面作以不同的规划进行实施。

2）安全文明施工责任区内，实行工序交接、验收、签字制度，上道工序交给下道工序必须是干净、整洁、工艺质量符合验收标准。

3）严格控制设备材料存放，当天领当天用完，特殊情况需经总承包项目部工程部批准可存放于作业场所，但作业场所存放不得超过 3 天，并应将各种物资排放有序，标识清楚，设备材料码放整齐成形，安全可靠。所有中低压管道在组合厂预制、组合好后运至厂房后标号码放，并在标牌上标清运抵时间。安装的管道减少临时吊挂。严禁将施工场所作为设备材料堆放场使用。杜绝乱堆乱摊及堵塞通道现象。设备、材料开箱在指定地点进行，废料垃圾及时清理运走。设备安装后需实施遮盖保护；对于设备上方或周围存在危及设备安全的作业时，须对设备进行隔离保护，安装就位前应进行清洁，安装后采取成品保护措施。

4）各种施工垃圾、废料应堆放在指定场所。存放设施样式、标识按现场安全文明施工规范执行。制订并执行钢材、木料、电缆头、焊条头、包装品等工程废料回收制度。设置专用废料垃圾通道送至地面，专人、专车负责清运。现场执行“随做随清、随做随净”制度，必须达到“一日一清、一日一净”。

5）施工作业现场按照总体区域布置用脚手管（刷红白相间颜色）搭设环行安全通道，并标有明显标识。施工区域、贵重设备、危险区域也用安全围栏隔离，围栏摆设要求尽量在同一水平面上。直径 1m 以下或短边长小于 1.5m 孔洞使用 4～5mm 花纹钢板制作盖板防护（如管道孔洞），刷黄黑油漆，要求孔洞盖板统一编号并加钢质铭牌，并在洞口安加踢脚板防止不小心使零星小件从上滚滑下去，直径 1m 以上（含 1m）或短边长超过 1.5m 以上（含 1.5m）的孔洞使用围栏防护（如设备孔洞），厂房内沟道盖板覆盖必须及时，见图 4-7。

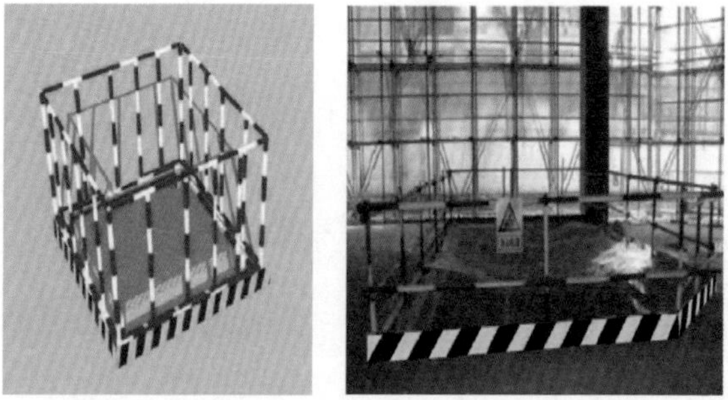

图 4-7　厂房内孔洞防护

6）汽机房内使用的电焊机采用集中布置方式，电焊机的二次线使用软橡套电缆，沿列线布设槽盒通过主通道，沿轴线开口，其余地方集中走向到各施工点处分散的方式布置。过路口槽盒加斜坡道。氧气、乙炔线路走向横平竖直。

7）施工现场设置吸烟室与饮水点，布置在现场适宜的区域，明确专人管理，保持室内清洁与饮水卫生。

8）汽机基座平台，设备安装有序，地面通透性较好，不必要搭建围设通道，地面用黄漆画出环行安全通道的标记，在发电机、汽轮机底基座的孔洞以及其他直径大于1m的孔洞周围用刷有红白相间、醒目、美观的架管搭设围栏，在孔洞上敷设好安全网，安加踢脚板防止不小心使零星小件从上滚滑下去，安全通道必须做到安全、整洁、畅通和照明充足。不得有任何物料影响通道畅通，特别是脚手架、脚手管、电源线、电焊线、火焊皮管，不能避免过通道的，要采取高架或低设措施。更要在此层面保持整洁，杜绝乱堆乱放，施工秩序繁杂的现象。

9）结构及设备等施工完成后应做好成品保护工作，加强施工管理，在需保护部位挂设警示牌。

（3）试运行阶段：

1）成立试运办，制作组织机构及人员职责牌，设置在现场汽机平台层试运办公室。要求：机构健全、职责明确，参加启动调试人员着装符合要求。建立完整的工作票制度、动火审批制度、交底及签字制度。成立试运行应急领导小组、建立应急预案和演习。

2）试运厂区管理，道路畅通或防护设施完善，固体废弃物按要求处置，危险区域进行隔离并设置专人值守。路灯及标识齐全或厂房内永久照明完善。主厂房和燃油区等重点防火部位设专人值班。

3）试运期间消防管理要求，消防水系统投入可靠运行，消防器材配备齐全，消防疏散通道牌齐全。

4）试运期间安全措施，在进行酸、碱等有腐蚀性作业的地点备有急救用品；施工、消缺过程中，靠近通道的酸或蒸汽管道等加设安全防护设施；在吹管的排汽范围和操作场所设置警戒区和专人监护；油系统注入物料后，划定危险区域并挂“严禁烟火”等标识。

3. 锅炉区域管理规划

（1）结构施工阶段：

1）钢结构零米外围距离钢架2～4m设置围栏进行围护并封闭管理，推行移动安防系统，对交叉作业重点隔离警示，围栏四周挂设各类安全警示标识牌，在进口处布置文明施工区域责任标识牌，见图4-8。

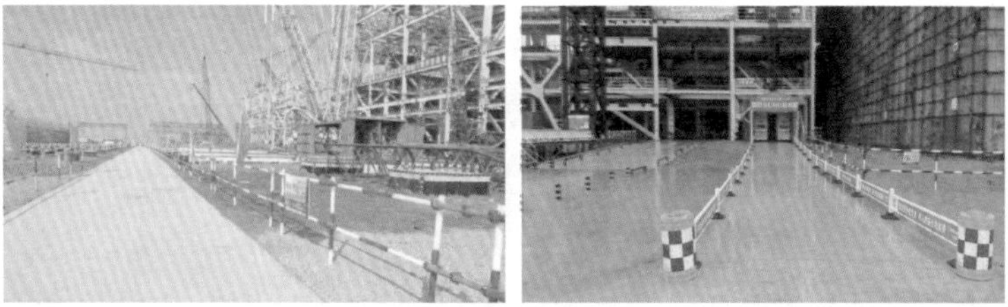

图 4-8 锅炉施工区域围栏封闭

2）钢结构安装搭设柱头架，设置防护围栏，挂设供人员上下的爬梯，爬梯上拉设垂直拉索，设置完成后需由总承包项目部专业人员验收后方可使用，人员上下必须佩戴攀登自锁器，柱与柱之间安装水平扶手绳，不能够搭设水平扶手绳的部位，作业人员必须要配备安全加长绳。

3）钢结构各层安全网布置采用悬空式挂设，全部挂设在安全步道的栏杆上，没有步道的部位用安全防护栏杆搭设安全栏杆，再将安全网挂设在防护栏杆上，炉膛挂设炉内滑线安全网，首层应挂设一道安全网，以上根据需要在每增加 10m 左右再设置一层，见图 4-9（a)。在第一段钢架四周设置一层外挑网，以上根据需要再增加设置，外挑网设置要求上扬形成外高内低，网片设置不宜过紧，见图 4-9（b)。

4）电梯口设置安全警示标识、安全宣传标语和标高提示牌，在各平台设置标高提示牌。各层平台上存

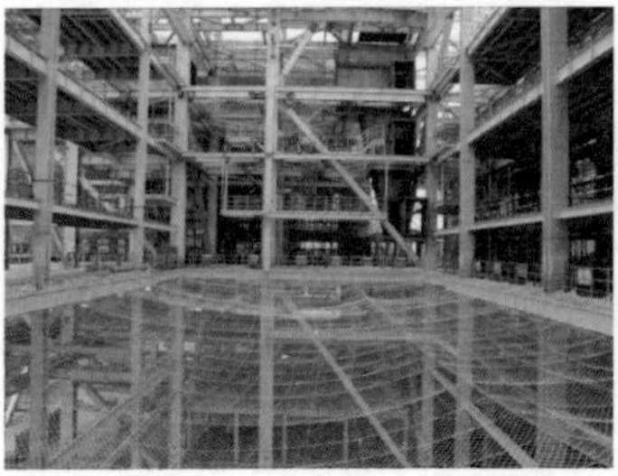

(a)

(b)

图 4－9　钢结构安全网设置

(a) 钢结构内部安全网；(b) 钢结构外部外挑网

放的材料实施定置化管理，按照规格搭设存放脚手管的专用平台，平台设置扣件存放箱，并进行标示，除专用存料平台外，其他区域不得放置任何设备及材料。临时吊挂的刚性梁、水冷壁和四项管道的必须全部用钢丝绳进行二次保护。各层梯子平台在安装中产生的临边要随时用栏杆进行封堵，加设挡脚板，挂设警告标识牌。保温期间应搭设符合规范要求的施工作业平台或拉设水平扶手绳。各层平台各施工的各单位按照公司标准制作工具箱存放工器具。

(2) 设备安装阶段：

1) 设备安装阶段焊接作业项目较多，也比较集中，因此锅炉上的电焊机应根据钢架吊装情况、压力部件的安装顺序、承压焊口数量等进行分层布置。锅炉上的电焊机从上到下、从左到右分 4 层位置进行布置，焊机存放处统一规划，设置电焊机集装箱，统一走线。

2）在各个电焊机布置点，二次线统一集中布置，用电缆托架顺着平台底部及钢架梁与柱输送至炉膛角部的各个作业层，各个作业层设快速接头插盘。设置电缆托架从插盘引至刚性梁对角处，在各层刚性梁对角处设置活动卡具，电焊二次线均被卡具固定，电焊二次线均顺着角部上下行进，顺着刚性梁左右、前后行进，见图 4 - 10（a）。地线集中至槽钢上，从槽钢两端引出扁铁接至钢柱上。在平台走道上避免电焊线呈蜘蛛网状分布。在电缆托架通过之处均用架子管搭设布道，便于整理电焊二次线。快速插头引出方向均朝锅炉里侧方向，见图 4 - 10（b）。

（a）　　（b）

图 4 - 10　电焊机二次线集中布置

（a）电焊机二次线使用电缆托架集中架设，并设置快速接头插盘；
（b）地线使用槽钢集中敷设

3）沿平台布置的二次线及把线，必须使用布置在平台栏杆上的二次线挂钩，无挂钩时，要求缆线横平竖直布置，上面布置保护槽钢。

4）热处理工棚：考虑工程实际需要，在锅炉炉顶布置计划布置一台热处理工棚。热处理工棚底部搭设稳固的平台。

5）锅炉区域用气：依据工程实际如果不采用集中供气的方案，因此锅炉上的气体使用应根据设备部件的安装顺序进行分层布置。锅炉上的气体棚从上到下、从左到右分3层位置进行布置。气体供应采用标准化气体棚存放，气体棚为现场统一制作，内放置3瓶气体，要求棚距离保持在5m以上，且距离明火15m以上。乙炔瓶存放或使用时要保持直立位置并有防倾倒的措施。不得将瓶内的气体使用干净，必须留有0.05MPa以上的剩余压力气体。气瓶最好使用稳妥、省力的专用小车并用铁链固定。严禁用肩扛、背驮、怀抱等方式搬运，以避免损伤身体和摔坏气瓶酿成事故。不应使用翻斗车或铲车搬运气瓶；气瓶搬运中如需吊装，不应使用电磁起重设备。用机械起重设备吊运散装气瓶时，应将气瓶装入集装格或集装篮中，并妥善加以固定。不应使用钢丝绳绑或钩吊瓶帽等方式吊运气瓶。气瓶搬运到目的地后，放置气瓶的地面应平整，放置时气瓶应稳妥可靠，防止倾倒或滚动，见图 4－11。

图 4－11 锅炉区域气体使用标准化气体棚存放

6）锅炉卫生间：根据文明施工要求及施工人员的需求，计划施工期间在锅炉区域按工程实际布置 3～5 处临时厕所，便于施工人员的急需，布置每台炉的左后角。厕所采用人工清理。

7）锅炉饮用水：根据文明施工要求及施工人员的需求，计划施工期间在锅炉区域布置两层临时用水点，便于施工人员的饮用。

8）炉上垃圾处理：除采用垃圾通道的形式外，为了保证锅炉区域的洁净化施工，日常产生的施工垃圾集中存放在每层平台的移动垃圾箱内。施工单位在每天施工结束后（每日的下班时间）将施工区域内的垃圾清理干净（做到工完料净场地清），携带出锅炉区域集中处理。制作 20 个移动垃圾箱，布置在每台炉的主平台上。

9）周转材料：施工项目集中施工，且交叉作业项较多，因此施工期间周转材料需求量较大，为此计划在锅炉区域布置2层6个周转材料存料平台，根据锅炉结构及平台的设计实地选择位置。要求周转材料码放整齐，材料规格有明显标识。

10）施工照明：施工前期及钢结构安装初期，采用钢结构四角布置探照灯（广角照明）与锅炉主吊机械上设置广照灯照明相结合的形式，以此来满足施工用照明需求。随施工的进展在平台层布置临时照明。

11）为提供施工人员作业安全，锅炉上部分需作业又不能设置安全通道，可在作业平台处设置水平安全绳提供安全保障，水平绳搭设高1000mm，用花篮螺栓拉紧。施工人员行走时安全带挂在水平绳上。

12）锅炉各层未完善正式通道处设置临时施工通道，施工通道可以运送材料，方便施工人员行走。

13）锅炉安全标识要求：电梯挂操作规程牌、安全标识牌；锅炉楼梯需设置踏空标识以及碰头标识。

14）施工现场电源线布设应整齐、规范。

（3）试运行阶段：

1）试运阶段环境管理：厂区道路畅通，路灯及标识齐全；永久照明投入使用，事故照明能正常使用；地面、墙面施工完，地沟内部已清理干净，盖板齐全、平整；各种平台、栏杆安装完善；现场保温、油漆工作已经结束；各种设备、管道表面擦洗干净；屏柜内无积灰，柜门关严；阀门、设备全部挂牌；各类管道、箱及电气设备消灭七漏（煤、灰、烟、风、汽、水、电）；消防设施齐全、完好。

2）试运行阶段管理：试运现场内外环境应保持整洁；除固定吸烟场所外其余地点一律禁止吸烟；污水、废液、废气排放符合环境保护相关规定；要制定防止粉尘飞扬和降低噪声措施；严禁焚烧有毒、有害物质，对有毒、有害物质需交由有处理资质的单位进行无害化处理；储存和使用油料有防止污染土壤、水体措施；所有设备停送电必须到试运办办理试运期间停（送）电操作票；进入试运场地人员必须佩带试运专用胸卡。

4. 烟囱区域管理规划

（1）烟囱施工区域应划定危险区，筒身周围设置危险隔离区，设置围栏、悬挂危险警告牌；烟囱区域设置吸烟点、饮水点等设施，各类设施设置应在危险区域外。

（2）安全通道设置高为 6m、宽为 4m 防护隔离棚，防护通道由烟囱入口处一直通到外围防护围栏处。隔离棚上满铺脚手板，脚手板上满铺 4～6mm 的钢板进行防护。四周用彩钢板进行封闭。防护棚搭设按脚手架规范要求进行搭设，防护棚内外要求设置企业安全文化宣传内容，具体样式，见图 4－12。

图 4－12　烟囱区域安全通道

（3）内外脚手架安全防护措施。外脚手架全部用密目网进行封闭，施工脚手架在每一层施工处满铺脚手板。通道处设 180mm 宽踢脚板并用 8 号铅丝绑扎牢固。外围用密目网封闭，步道满铺脚手板，设 250mm 宽踢脚板、防滑条，用 8 号铅丝绑扎牢固。内外脚手架每隔 6m 设一道安全防护网。

（4）施工垃圾采取随运随时清理，施工现场不留施工垃圾，对于周转性材料，原则上为满足 1 天使用，最多考虑两天堆放材料。施工现场材料要按照安全文明施工区域规划进行分类码放，材料码放后设置标识，标识要清晰。

（5）烟囱施工使用卷扬机，钢丝绳应有保护设施，卷扬机设置卷扬机棚。

5. 脱硫区域管理规划

（1）结构施工阶段：

1）脱硫区域大门处设置安全文明施工管理牌，设置安全宣传栏及违章曝光栏等安全宣传设施，区域设置安全警示牌。

2）土建施工阶段有坠物危险的施工通道口应设置防砸安全通道，脚手架统一脚手管颜色，剪刀撑使用红白相间颜色设置，脚手架外形应与脱硫塔外形一致，脚手架外挂密目安全网，全封闭。脱硫塔安装钢管脚手架应编制专项方案。

3）现场设置吸烟点、饮水点、厕所、临时垃圾存放处等设施，设施统一按照标准设置。

（2）设备安装阶段：

1）安全标识设置：施工入口通道上方横梁设置安全警示牌；施工区域设置文明施工宣传牌；各层正式平台的楼梯口对面栏杆上设置安全警示牌；设备组合区及周转材料码放区分别设标识牌。

2）机械、材料放置：脚手管及脚手板材料要按长度分类码放，码放要保证靠同一端齐平；电焊机全部安装在专用的电焊机棚内进行整体布置，焊机棚内部禁止放置其他杂物，二次线采用集中线槽、插头板；氩气瓶笼子统一放置在电焊机存放平台上，与平台栏杆固定。小件设备不得存放在行走通道上，小件物品存放应入箱存放整齐。

3）临时设施：高处作业在地面钢架扶梯和电梯通道入口处设置清理鞋底污泥的装置，人员上钢架前先清理污泥；在明显位置设置安全宣传横幅牌；在施工区域设置2～4个饮水点，饮水点布置在安全平整、人员通行方便的位置，饮水点按导入标准制作。脱硫防腐阶段，应在危险区域出入口设打火机、手机等物品临时存放点。

（3）试运行阶段：

1）试运阶段环境管理：厂区道路畅通，路灯及标识齐全；永久照明投入使用，事故照明能正常使用；地面、墙面施工完，地沟内部已清理干净，盖板齐全、平整；各种平台、栏杆安装完善；现场保温、油漆工作已经结束；各种设备、管道表面擦洗干净；屏柜内无积灰，柜门关严；阀门、设备全部挂牌；各类管道、箱及电气设备消灭七漏（煤、灰、烟、风、汽、水、电）；消防设施齐全、完好。

2）试运行阶段管理：试运现场内外环境应保持整洁；除固定吸烟场所外其余地点一律禁止吸烟；污水、

废液、废气排放符合环境保护相关规定；要制定防止粉尘飞扬和降低噪声措施；严禁焚烧有毒、有害物质，对有毒、有害物质需交由有处理资质的单位进行无害化处理；储存和使用油料有防止污染土壤、水体措施；所有设备停送电必须到试运办办理“试运期间停（送）电操作票”；进入试运场地人员必须佩带试运专用胸卡。

6. 组合加工区域、物资设备库、危险品库等管理规划

（1）钢筋（木工）场：

1）钢筋加工场：钢筋加工场设置原料区、加工区、焊接区、成品料存放区、垃圾存放区，各种机械设置防雨棚及防雨措施，机械的接地措施统一正式布置并有供电检测记录、安全操作牌，区域内悬挂危险隔离区禁止烟火、禁止靠近、当心伤手、小心触电、注意安全等安全标识；钢筋按规格不同分类、摆放整齐，并预留安全通道，统一设置标识牌，见图 4－13。

2）木工厂区域：木工棚采用装配式结构，四周设置企业单位名称、安全文化宣传等内容，棚内地面硬化、木工加工机械排列整齐、木料分类存放并预留安全通道，木工棚内设置三级电源箱，木工棚与钢筋加工区之间预留安全通道以表示与钢筋加工区域的隔离；设置废料

图 4－13　钢筋加工场地

集中存放区，并四周进行围挡，废料存放到围挡中，废料存放区旁设立工棚一个；各种机械设置防雨棚及防雨措施，机械的接地措施统一正式布置，见图 4－14。

图 4－14　木工加工场地

（2）安装加工配制场：

1）安装加工配制场场地，采用通透式围栏，平直牢固，上有标识，组合场地内用碎石覆盖，道路采用混凝土浇筑。采用灯塔照明，光线充足。机械、设备、材料摆放整齐，标识齐全牢固。

2）安装加工配制场区域实施定置化管理，规划焊接平台区域、原料存放区域、切割加工区域、成品区域、废料存放区域，焊接区域统布置电焊机集装箱，切割加工区域布置机械及切割气源，使用的电焊线、氧、乙炔线路全部布设采用槽钢进行保护，材料码放整齐划一，使用的工器具存入集中库内，统一管理，见图 4－15。

图 4－15　安装加工配制区域定制化管理

3）物料管理：设备（成品、半成品等）的存放要符合搬运及防火要求；材料必须按照品种分规格；作业过程中物料安全、合理摆放，见图 4－16。

4）施工过程中产生的边角废料等要随手清理。

（3）化学危险品库房：

1）化学危险品库房设置地点应在施工现场规划阶段进行统一规划，危险品库外悬挂必要的安全标识牌，并张贴危险品库管理制度，库房建设按照相关国家标准执行。

2）库内各类化学危险品分类存放，并将每一种危险化学品的“危险化学品安全标签”张贴在此类危险

说明：
根据钢筋的规格大小进行整齐摆放。

图 4-16 物料分类存放

品存放点的明显部位。化学危险品库房设专人管理。

（4）氧气、乙炔库房：

1）氧气、乙炔库房位置应按照施工总平面策划布置实施，功能设计应符合防火防爆规范要求，设置足够的消防器材。库房应制定管理制度，由专人负责管理。施工单位在建设前，须将设计图纸、布置位置报总承包项目部审核，投用前总承包项目部需组织验收，确保主体结构、设置位置、内部配套电器等方面符合法规要求。

（2）氧气、乙炔库封闭设置，在库周围设置警告标识，并在明显位置设置氧气乙炔库管理制度及“危险化学品安全标签”。

（5）射源库：

1）施工现场需设置放射源库时，放射源库房的设计，以及放射源库的全距离，必须符合国家、行业有关条例和标准的要求。施工单位在建设前，须将设计图纸、布置位置报总承包项目部审核，投用前总承包项目部需组织验收，确保主体结构、设置位置、内部配套电器等方面符合法规要求。

2）射源库应设防护围栏，射源库入口应设置放射性标识及报警装置。

3）存放射源的责任单位应派专人进行24h警戒守卫，放射性源所有单位应进行日常监督和管理。

（6）混凝土搅拌站：

1）现场混凝土搅拌站应全部集中设置在厂区常年下风方向。搅拌设备进场后必须重新刷漆，方可安装。搅拌站罐体必须增加减压防尘装置。

2）地面应全部混凝土硬化，四周用浸塑钢网板加绿化带围护封闭，站内应有绿化措施并始终保持干净整洁。站内设两级污水沉淀池和洗车池。

3）现场设集中搅拌区，现场不准分散设各类搅拌机和材料场。

4）混凝土搅拌站、砂石堆放场、库房、加工配制场、固定端倒钩场地等地面以及停车场应全部进行硬化，并适当进行绿化。特别注重毛地坪、零米地坪、场平、每个阶段现场文明施工形象控制。

5）为从源头上有效管控混凝土罐车出入现场，搅拌站区域采取硬隔离封闭防护措施，出入口增加车辆道闸系统，专人保卫值守，在各级检查验收合格的基础上，以各方签署的混凝土“浇筑令”为混凝土罐车进入现场书面手续，彻底杜绝未验收或无浇筑令进行混凝土施工作业现象，见图 4－17。

图 4－17 搅拌站区域化管理

（7）物资仓储区域：

1）物资库包括库房、周转性材料库等。库房内货架统一颜色并刷漆，各类货架编号并标明材料类别，货架上材料摆放整齐，材料标签清晰整齐；周转性材料库内各种材料分类摆放整齐，材料标签清晰整齐。

2）设备材料库房：库房可采用彩板结构，围墙采用铁艺型式或浸塑钢网板结构，设置大门及门卫室，门卫室、门垛上有标识。院内混凝土道路，其他区域覆盖碎石。采用灯塔照明，光线充足。材料场地摆放整齐，标识清楚醒目，各种材料、设备摆放整齐、标识清楚、分类正确、废旧物资集中存放、及时处理，见图 4－18。

图 4－18　设备材料库房的设置及管理

第四节　安全文明施工标准化设施策划

1. 五牌两图及单位简介牌

在主进场道路一侧设置“五牌两图”及单位简介图牌，五牌：①工程概况牌（重点介绍所属标段工程概况）；②安全政策声明牌；③工程总体目标牌（安全、质量、进度）；④消防管理制度牌；⑤工程组织机构、主要管理人员名单及监督电话牌。两图：①总平面布置图；②安全文明施工区域划分图。单位简介：业主、监理、总包方、设计院、五家主标段图牌。共计 17 块，尺寸暂定为柱间距 4m，版面 3m×3.6m，柱高 5m；具体实施依据专项方案。样式见图 4－19。

图 4-19　项目五牌两图及单位简介图牌

施工承包商在集中办公区或责任区大门入口处或道路醒目位置设置“五牌两图”，尺寸为版面 2.1m×1.8m，柱高 2.5m，采用不锈钢材质。具体位置依据现场实际确定，样式见图 4-20。

图 4-20　施工承包商五牌两图

2. 质量样板集中展示区

主干道一侧（可视化大屏与五牌两图之间）场地为质量样板集中展示区，策划 11 项质量样板，其中，土建质量工艺样板 5 项，包括烟囱筒壁清水混凝土样板、框架梁柱清水混凝土样板、空冷柱清水混凝土样板、风机底清水混凝土样板座、电缆沟道及盖板混凝土样板；安装质量工业样板6项，包括平台栏杆工艺样板、热控仪表管路敷设工艺样板、阀门小管工艺样板、电缆接线及防火封堵工艺、承压管焊接工艺、电气接地线工艺。厂内至少策划1处凉亭式土建工艺样板，借鉴其他项目良好实践并进一步创新，有特色、亮点，见图4-21。

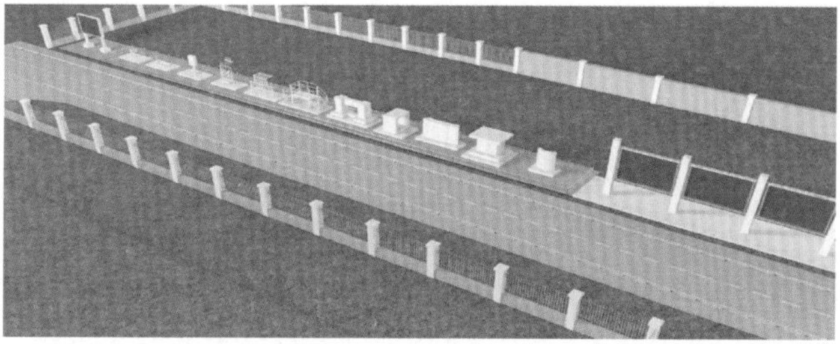

图4-21 质量样板集中展示区

3. 公共停车场

主进场路一侧布置公共停车场，面积2300m²（23m×100m），地面采用C20混凝土硬化，车位标识线采用黄色油漆划线并设置防雨、遮阳棚。策划车位62个，其中，大客车位2个，小车位60个，见图4-22。

图 4-22　厂区公共停车场

4. 大中型图牌

场外公路进场主入口、厂内道路“T”字形路口设置大型企业文化宣传标识牌，现场主干道路两侧设置小型不锈钢材质安全警示标语、集团公司企业文化宣传牌。场内适宜地方设置橱窗展板，形成项目安全文化长廊。模块化隔离区域入口制作统一标准的安全红线宣传警示图牌，重点针对四个1+罚则、安全生产红线内容进行大力宣传，将管理要求宣贯深入到每人心中；集中办公区设置红黑榜，对违反四个1+罚则及触碰安全生产红线人员名单公示，警醒、教育各级人员，逐步实现“要我安全”到“我要安全”转变。可进一步细化红线制度，完善管理措施，实现数据共享，列入黑名单人员禁止进入总承包所有施工现场，见图 4-23。

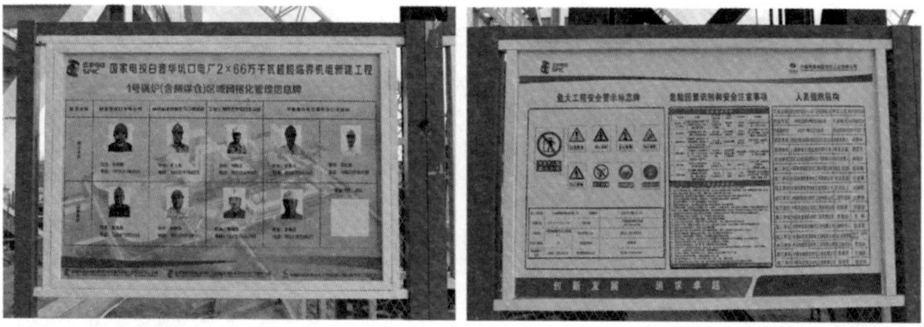

图 4－23 厂区内部道路侧企业文化、安全宣传牌

5. HSE 图牌（三牌一图）

生产性责任区实行网格化管理，制作管理矩阵图牌，将区域各方管理人员单位、职务联系方式等通过图牌公示，清晰人员职责。入口处一侧设置组合式“三牌一图”及工程展示牌，统一材质、样式、尺寸、色彩。包括“安全风险告知牌”“安全文明施工管理责任牌”“现场应急处置方案牌”“区域定置化管理平面图”及“工程亮点、工艺说明、效果图”。存在职业伤害的作业场所设置“职业危害告知牌”，采用不锈钢材质，具体位置依据现场实际确定，见图 4－24。

6. 安全文化长廊（结合现场实际布置）

将安全理念、岗位职责、标准化操作制作成宣传展板、橱窗、条幅等在主干道两侧大力宣传，次进场路设置核安全文化宣传墙，形成项目安全文化视觉长廊景观，进一步融入核安全文化理念，办公区前道路策划设置企业安全文化宣传长廊，营造浓厚安全管理氛围，正起到安全警示、鼓舞干劲、体现人性化管理作用，见图 4－25。

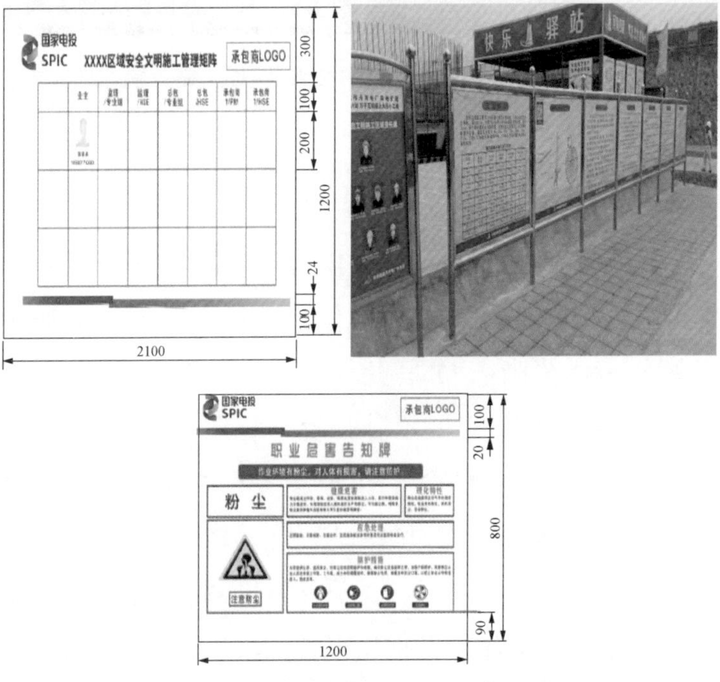

图 4－24　生产责任区“三牌一图”

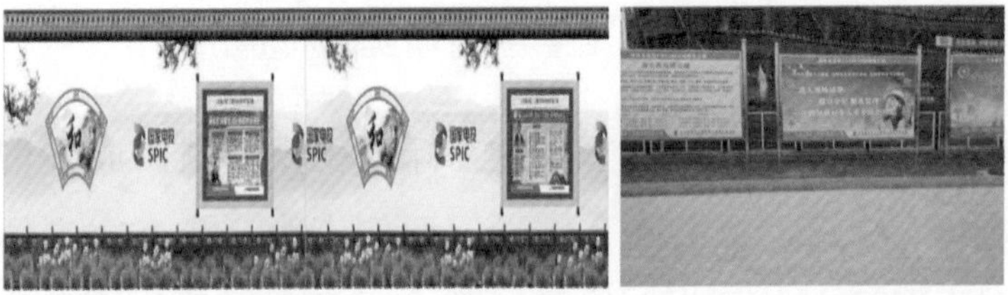

图 4－25　现场安全文化长廊

7. 安全帽、工作服、反光背心

要求单位内部统一安全帽及工作服标准、颜色、样式；增加 HSE 培训授权帽贴和标识单位身份的反光背心识别。标段间反光背心采用不同颜色区分，正面印刷单位 logo、名称，背面清晰标特殊工种名称，如特种作业人员（起重工、电工、焊工、架子工等），人员身份识别更加清晰、直观，见图 4-26。

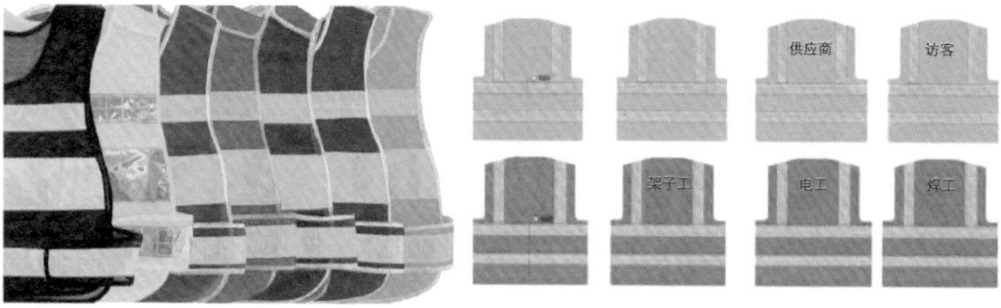

图 4-26 现场各单位安全防护装备统一化要求，差异化管理

8. 安全警示标识、标牌、信息牌

统一现场安全警示牌、配电箱信息牌、卸料平台信息牌、建（构）筑物信息标牌及区域安全提示牌、机械设备操作规程牌、大型机械机械（塔机、升降机等）安装验收牌等样式、规格、色彩，体现火电企业标识、文化特色，具体制作依据火电《安全文明施工标准化图册》，见图 4-27。

图 4-27　现场各类安全警示牌、信息牌

9. 区域隔离设施

区域整体隔离采用浸塑通透式围网（白色网/蓝色立柱），统一材质、样式、尺寸、色彩，安全围网与单位标识牌、安全警示牌、安全文化宣传牌等配合使用。围栏设置距离道路 2m；围网标准：高度 1800mm，50mm×5mm 的方管，白色浸塑钢板网长 2500mm×宽 1600mm，网片边框是 40mm ×40mm 的方管，网眼菱形 50mm ×60mm，钢板网径塑后 3.3cm。砖砌筑条形基础，抹灰并刷黄黑油漆，见图 4-28。

图 4-28　现场区域隔离围网

（1）区域功能较长、时间相对稳定的，如主厂房、锅炉、脱硫、烟囱、附属建筑区、搅拌站、钢筋（木）加工场地、配制加工场地、物资存放场地等使用砖体砌筑基础加浸塑钢板网围栏（刷黄黑油漆），大门使用移动式推拉门或铁制大门。

（2）现场主要道路两侧区域直接使用浸塑围栏，各区域入口处加钢管骨架门柱。

（3）区域内部小块功能区域的划分，安全通道、基坑防护，可使用红白相间的脚手管搭设围栏。

（4）扩建预留场地边界、施工人员生活区域，宜选用绿化带。

（5）办公区域围栏选用砌筑基础加铁艺围栏。

10. 区域门楣（门柱）

根据责任区具体情况，组合加工场地、设备存放场地、专业化公司工地等设置Π形门柱，门统一按《图册》标准制作，采用蓝底白字，增强颜色对比效果。柱子尺寸暂定：0.6m×0.6.m×5m，横眉尺寸暂定：0.6m×0.6m×5m。具体样式见图4－29（a）。主厂房、锅炉、脱硫及附属区域等车辆及大型机械设备进出频繁的区域可设置Ⅱ形门柱，门柱制作要求：基座尺寸为650mm×650mm×500mm，门柱高度为

2500mm，门柱断面尺寸为 500mm×500mm，采用喷绘制作，基座内衬钢筋进行焊接或打膨胀螺钉或埋件，具体样式见图 4－29（b）。

（a）　　　　（b）

图 4－29　现场各施工区域门楣

（a）组合加工厂等区域门楣；（b）现场施工区域门楣

11. 工具间和机械防雨棚

工具间只能是彩钢板或活动板房或者使用形状规则、油漆色泽统一的工具房，机械防雨棚使用装配式构架和蓝色彩钢板搭设。具体样式见图 4－30。

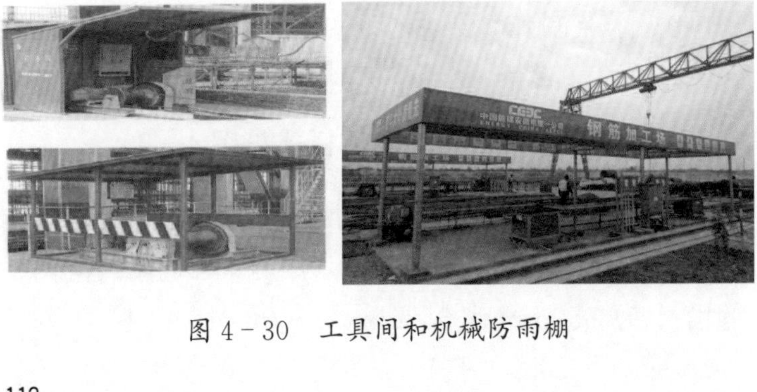

图 4－30　工具间和机械防雨棚

12. 厂区围墙

工程正式开工前，先修筑永久性厂区围墙，便于现场进行封闭式管理，在条件可能的情况下，对围墙内侧按设计要求进行初粉刷，以增强厂区亮度。围墙施工应按策划要求标准进行，围墙四周设置防入侵探测系统。

13. 大门

总承包项目部配合项目公司对进出厂主大门的设计，同步设置门禁系统，门禁遮阳棚横眉设置 4 块电子屏，滚动显示天气信息、安全风险提升等。总承包项目部统一制定承包商办公区、生活区大门标准、样式，承包商按要求实施。其内容应包括电动门（大门）、灯箱、围栏、人员通行侧门、警卫室、企业标识、宣传标牌等。现场建设期间主入口大门样式可参考图 4－31。

14. 道路（标识）及雨排水系统

（1）在工程开工前期必须完成厂区环形主干道路施工，厂区环形道路是建设项目安全文明施工的基本保证。道路施工采取永临结合的方式布置，按永久道

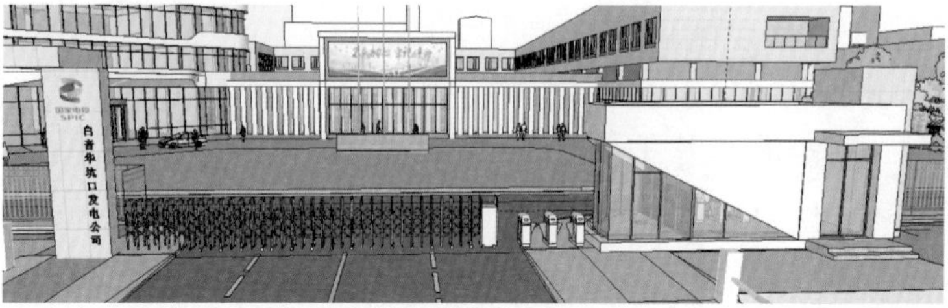

图 4－31　现场主入口大门

路的设计先施工好路基，混凝土分两次浇筑，先浇筑一层混凝土路面作为施工道路使用，待移交前按路面设计标高浇筑第二层混凝土。施工主干道宽 9m，次要道路宽 8m；通道转弯半径不得小于 15m。主、次入场道路两侧加设隔离围栏、设置人行通道线，实现人车分流，见图 4－32。

图 4－32　现场道路划设导向线、人车分流

（2）道路两侧应形成排水坡度，在主干道两侧 2m

范围内设置人行通道，道路两侧设置排水沟。所有施工场地靠近道路侧 1.5m 范围内的标高必须低于施工道路标高，以防止雨天泥浆侵蚀路面。

(3) 施工区主要施工道路必须铺设混凝土路面，部分地下设施较多的施工道路（主要是循环水管和回水管沟施工段）铺设沙石路面过渡。

(4) 厂区主干道应装设路灯，同时设置分道标识线、车辆减速带、路侧石，修筑人行道，设置绿化带。施工现场其他主干道应视具体情况装设路灯，设置路肩桩和绿化带。

(5) 办公区生活区主要道路应为混凝土路面，并构成环形通道。

(6) 施工区内以下道路必须铺设混凝土路面：

1) 从主干道进入施工区的车辆运输道路，包括进入锅炉房、汽机房、烟囱、脱硫区、电除尘、混凝土搅拌站等辅助建筑安装施工区的道路，见图 4－33 (a)。

2) 设备堆放场、施工周转材料场、土建预制场、安装组合场、加工配制场、钢筋加工场（木工场）等运输道路，见图 4－33 (b)。

3) 生活区内道路。

(7) 其他区域可采用碎石硬化路面，并铺砂石保

（a）　　（b）

图 4－33　施工区内道路

（a）施工区道路；（b）组合场道路

持平整，以做到施工人员雨天进入高处作业现场不泥泞。

（8）大、中型基坑四周应修筑硬化人行通道。

（9）炉后区域比较狭小而且土建安装交叉作业特别集中，所以锅炉与电除尘之间的施工道路相对重要，见图 4－34。此段道路对施工过程的文明施工影响相对较大，为此要求采取以下措施：

1）在地下设施图纸不受影响的情况下，先修筑炉后混凝土道路。

2）当图纸不能满足要求时，采取混凝土临时硬化过渡路面或碎石硬化等措施。

（10）在土建施工阶段，A 排外通常是文明施工盲区。因此要求在不影响循环水施工的地段，靠近 A 排柱外侧临时修筑一条从固定端至扩建端的混凝土硬化

图 4 - 34　现场炉后道路硬化

运输道路，并将 A 排外主干道至汽机房的永久混凝土道路（施工层）提前修筑完，对保证这个区域文明施工具有十分重要的作用，见图 4 - 35。

图 4 - 35　A 排外道路

（11）道路标识：厂区主干道应由总承包项目部正式命名，主干道两侧设置符合国家有关标准的路标、交通标识、限高标识、限速标识和区域指示标识、交通安全提示牌等，必要位置设置减速带、反光镜等基础交通安全设施。主干道路上配置移动式测速仪，有效监测现场车辆违章行为，留存道路管理照片资料，形成管理数据，见图 4－36。

图 4－36　现场道路标识

（12）排水、排污系统及管沟：

1）施工现场主排水管道利用永久设计的部分排水干管作为施工阶段的排水干管。这部分干管要求在工程开工前完成并具备通水条件，保证全厂区排水系统保持畅通。

2）施工区沿道路周边排水按照正式排水设计要求施工，通过雨水管线将地表雨水和施工污水汇集到沉淀池，经沉淀处理后排入主排水干管或重复利用。

3）施工场地和建筑物周边设排水支沟，将地表水排入主干道排水沟，保证场地不积水。

4）在主干道、锅炉及汽机组合场、设备堆场道路等两侧设置明沟排水。

5）为保证厂区雨水系统不被淤塞，明沟收集到的雨水汇集到沉积井沉淀后，就近排入厂区雨水系统，雨水井的井盖采用标准件。

6）在人员过往密集、车辆行走处埋设排水暗管，锅炉固定端大型机械行走处采用石子盲沟排水。

7）工程在开工前，应优先建成全厂污水排放处理系统，以保证污水排放达到环境保护的要求。

15. 道路、排水管沟维护

（1）公共道路及排水管沟日常清洁维护工作由保洁单位负责，保证路面无泥土淤积，排水畅通。

（2）主干道两侧严禁堆放物资，遗留的杂物由责任单位负责清理。

（3）道路混凝土面层浇筑后，必须有效进行成品保护。土石方开挖和设备大件运输时必须编制道路专项管理措施，防止因以上作业造成路面损坏或污染。

（4）承包商确因施工需要破路，必须事前申请并得到总承包项目部批准手续后方可破路，并在事后及时恢复。

（5）挖土机、推土机、压路机以及履带式起重机等重型机械需要通过道路时，责任单位必须配备经过强度计算的橡胶带或木板，以防止损坏路面，在通行后立即清除过路保护措施。原则上 50 t 以上的履带式起重机不允许上永临结合道路，如特殊需要应提交申请，批准后采取措施后方可进行。

（6）厂区道路交通管理工作，由负责全厂保卫承包商统一进行管制。

16. 临时建筑物

（1）现场建筑物主色调——屋檐为蓝色，墙面为米白色。

（2）承包商办公区、生活区为轻钢龙骨活动彩钢板房或砖砌体房，彩钢板房必须为阻燃材料，燃烧性能等级不低于国家规范要求，厨房必须采取砖墙实体隔离，见图 4－37（a）。

（3）承包商专业工地、班组工具间、库房等为彩板房、砖砌体房或集装箱，标段内集装箱必须样式统一。专业工地或班组区域应设置门柱、班组站班会宣讲台、安全宣传橱窗或展板、垃圾桶、消防器材等基础安全设施，见图 4－37（b）。

（4）临时工棚及机具防雨棚等应为装配式构架、上铺彩钢瓦楞板。

（5）现场禁用石棉瓦、脚手板、模板、彩条布、

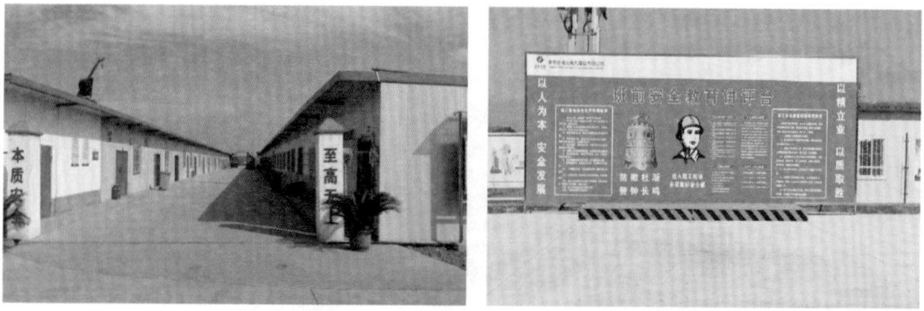

（a）　　　　　　　　　　　　（b）

图 4－37　厂区临时性建筑物设置

（a）承包商临时性办公区、生活区设置；（b）承包商班组工具间等临时性建筑设置

油毛毡、竹笆等材料搭建工棚，禁用脚手管作为搭设工棚的构架。

17. 设备材料堆放

（1）施工现场设备材料实行分区堆放，定置化管理。

（2）设备材料堆放场地应坚实、平整并垫有碎石子层，地面无积水，设置区域隔离围栏。做到各种设备分区堆放，物资排放有序，标识清楚，设备材料码放整齐成形，安全可靠。其管件端面出入相差不得超过 20mm；杆件堆放平直，平行度无肉眼直观差距；起重大件排放呈规划形状、整洁有序。道路与沟渠区域内不得堆放物资，见图 4－38。

图 4-38　设备材料实行分区堆放，定置化管理

（3）设备代保管库房必须达到现场建筑物的统一标准，设备材料堆放场按模块化、区域化、定置化标准进行管理。

（4）脚手架管管径、厚度（ϕ48.3×3.6）及长度符合国标要求，统一刷橘黄色油漆，不同单位间脚手管端头刷 30cm 的其他颜色色标区分（拟采用黄、白、红、绿、黑、蓝色）。脚手架管件在地面或平台上存放，必须做到搭架堆放整齐，扣件入箱，见图 4-39。

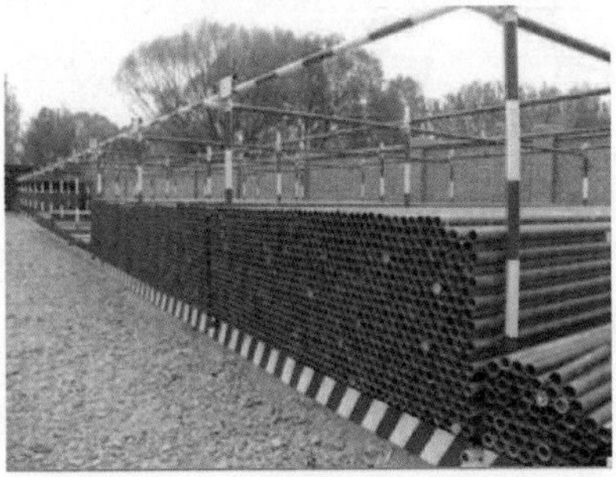

图 4-39　脚手管定制化存放

（5）承包商现场加工组合区和设备材料临时堆放区必须使用安全围栏或浸塑围栏进行封闭围护，区域内道路硬化，存放场地应混凝土硬化或铺垫碎石子层。

（6）现场统一实行当天领料当天用完、当天运搬的设备（不含大件）当天安装完制度。特殊情况下，施工材料与安装设备在施工现场存放的时间亦不得超过 48h，并存放于指定区域，非特殊需要，不得将施工现场作为设备材料临时堆放场使用，特殊需要临时存放设备材料必须报总承包工程部审批。

18. 多媒体考试室

现场设置一个标准化安全宣教室，满足 80 人左右安全培训需要，宽敞明亮，室内后墙设置 1 块电子屏，配备取暖设施及投影、音箱、桌椅（50 套）等，室内采用安全相框画装饰，制定管理细则，明确要求承包商年度安全教育和人员入场安全培训、专项安全培训、重大施工方案交底等活动在安全培训室集中进行，实行登记备案制度。多媒体考试室配备电脑上机考试设备。安全培训方式上采用观看公司制作的安全教育动漫方式进行，内容形象、生动，作业人员容易理解和接受，见图 4 - 40。

图 4-40　多媒体宣教室

19. 安全体验区及 VR 体验区

安全体验区主要包含触电、安全带吊挂、洞口坠落、安全帽物体打击等体验设施（具体功能不限于此），见图 4-41。

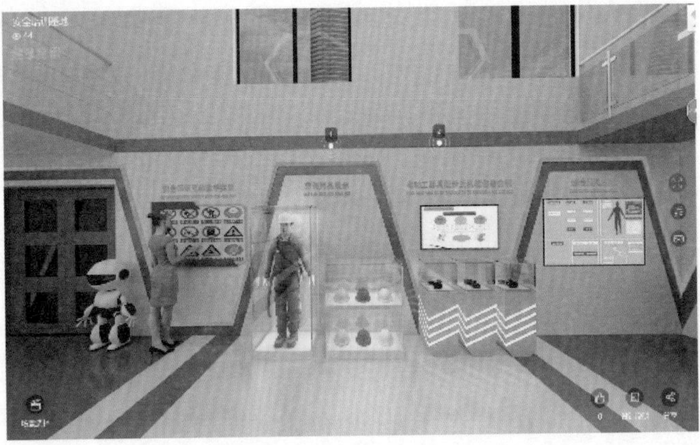

图 4-41　安全体验区

VR 智能设备体验，模拟建设工地真实场景，体验施工过程中可能发生的各种危险场景，使体验者掌握相应的防范措施及应急知识。设置 VR 多体感人身事故体验、VR 触电体验、VR 火灾应急逃生体验、高空坠落等，厂家现场安装，调试完成，验收合格，现场具备使用条件，见图 4－42。

图 4－42 VR 智能设备安全体验

20. 现场休息点设置

现场适宜的地方至少设置 2 处现场休息点，要求快乐驿站采用砖混结构，地面采用瓷砖铺设。结合场地规划设置 2 个吸烟室和 2 个茶水亭，统一材质、样式、尺寸、色彩，配备烟灰筒、座椅，饮水设施、液晶电视（播放安全宣传知识片），内部采用喷绘安全宣传相框画装饰，顶部设置单位 logo、名称及现场休息点字样，专人负责管理，体现人性化管理，见图 4－43。

图 4-43　现场休息点的设置（快乐驿站）

21. 公共卫生间

现场统一设置 2 座具有较好条件面积 $150m^2$（6m×25m）的水冲式卫生间，砖砌结构，体现地方特色。地面铺设瓷砖，每个卫生间设置小便池和蹲位若干个。外墙布置安全宣传画装饰、单位名称及公共卫生间字样，由专人管理，保持卫生间内外干净卫生，设置取暖设施，保证冬季正常使用，见图 4-44。

图 4-44　现场公共卫生间

22. 装置型设施

装置型设施是现场涉及面较为广泛的设施，其是否规范美观，直接关系着现场文明施工整体形象。装置型设施在现场通常分为六类：

（1）形象类：含大中型标识牌、单立柱广告、户外大型广告、中小型成型式灯箱和 POP 灯杆系列、塑钢网、大门、岗亭、饮水吸烟室（棚）、停车棚、休息室、卫生间等公用设施。

（2）宣传告示类：含公告栏、电子显示屏、标语、POP 旗、办公区域示意图等。

（3）道路交通类：含道路标牌、交通警示标识、路肩桩、现场指示牌、分道线、减速坎、禁行标识设施等。

（4）废料垃圾回收类：含各类废品分类回收设施、危险品存放点等，废料回收设施采用自制或市场购置的不锈钢或塑料垃圾桶。

（5）标识类：含安全标识、消防和救护紧急联络标识；设备、材料、物件、场地、沟、管、网、线标识；规程、规范、职责图表等，统一材质、样式、尺寸；火电标识和文化特色。

（6）小型设施类：含中小型机具防雨设施；焊接

防风设施；成品保护设施；线缆、管线、灯具高处固定设施；配电盘柜固定或放置设施；承包商自行制作的小型钢、木结构施工设施或安全设施等。

23. 高处作业及现场安全防护设施

（1）高处作业人员必须配备双大钩安全带。

（2）攀登自锁器：高处作业人员使用绳梯或钢筋爬梯垂直攀登时应使用锦纶绳攀登自锁器进行人身防护，并配备固定设施。

（3）速差自控器：沿爬梯等往复垂直攀爬或从事活动范围较大（水平活动在以垂直线中心的1.5m半径范围内）的作业时，应使用速差自控器进行人身安全防护。

（4）水平安全绳：高处作业人员水平移动或高处临边作业不能够装设防护栏杆时，使用直径13mm以上的塑套钢丝绳作为水平安全绳，且每隔2m设一个固定支撑点，用以扶手或拴挂安全带。

（5）活动支架：水平钢梁吊装作业，与水平安全绳及临时防护栏杆配套使用。

（6）水平防坠器：水平钢梁吊装作业，与安全带配套使用。

（7）孔洞及沟道盖板：直径1m以下孔洞及厂房内

沟道盖板使用厚度4～5mm花纹钢板制作。要求孔洞盖板要求统一编号并加钢质铭牌。直径1m以下的孔洞使用盖板防护（如管道孔洞），直径1m以上（含1m）或短边超过1.5m以上的孔洞使用脚手管围栏或组合式围栏加挡脚板、安全平网防护（如设备孔洞），厂房内沟道盖板覆盖必须及时。

（8）安全防护栏杆：凡是高处临空面、深基坑、沟道等处必须随时搭设或敷设红白相间色标的脚手架栏杆或钢管栏杆进行安全防护。临时防护栏杆按标准搭设或敷设并加设挡脚板。

（9）柱头托架：立柱吊装时须使用柱头托架，柱头托架可用脚手管搭设的有底板（木脚手板）的可拆卸柱头围栏。

（10）安全网与滑线安全网：高空作业防坠落须敷设安全网。锅炉在顶棚梁吊装以及穿吊杆、安装作业时须敷设滑线安全网，确保敷设高度（8～10m）标准有效。

（11）高处活动走台托架：锅炉水冷壁、包墙过热器吊装作业，穿销摘钩工作须在高处活动走台上进行。

（12）脚手架全封闭立网防护：建筑施工大型脚手架外侧用密目网封闭，加挡脚板（带色标）、剪刀撑，防止高处小件物料飞溅坠落并达到整洁、美观的视觉效果。

(13) 安全隔离设施：煤仓间与锅炉之间，高处垂直交叉作业面之间，必须搭设隔离层。安全隔离设施应采用木板、脚手板、钢板等抗冲击材料铺满且无缝隙，安全隔离设施包括防护棚。

(14) 施工场地隔离以及临时施工区域隔离设施应采用红白栏杆、彩钢板网或隔离警示带进行隔离，见图 4-45。

图 4-45　施工场地隔离

(15) 施工电梯、物料提升机等安全防护设施：施工电梯进口须使用钢制集装箱式或双层隔离棚作为安全通道，内部设置安全宣传画、安全自查镜、语音播报提示、液晶电视等。施工电梯各层平台、通道、栏杆须按照标准化制作并涂刷黄黑相间油漆，见图 4-46。

图 4-46　施工电梯安全通道

（16）安全通道：基本要求是结构、材质及尺寸符合规程规范要求，安全防护可靠，顶部双层防护，有防止高处坠物打击安全要求的通道，必须同时设置挡脚板，搭设投用须涂刷安全色标并挂牌标识。安全通道根据施工需要可分为水平通道、走道、马道、栈桥、栈道、斜型通道（须用木脚手板搭设并加防滑条）、斜梯等，见图 4-47。

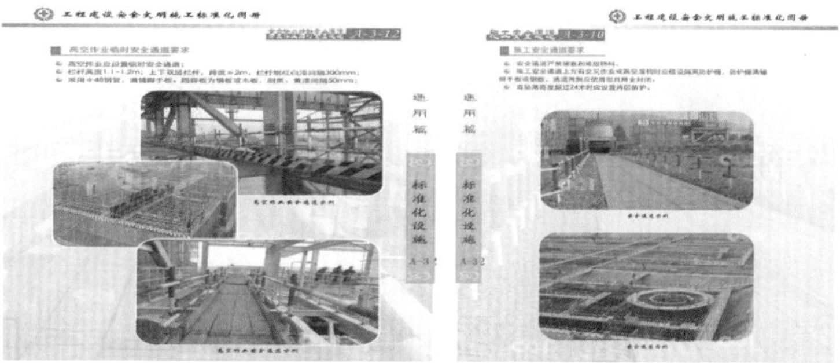

图 4-47　安全通道

（17）建筑施工阶段现场主要斜形走道入口和施工电梯通道口，设置具有人性化色彩的安全通道，出入口设置绿植美化，通道地面必须全部硬化。内、外部设置企业安全文化宣传内容、安全自查镜、照明、语音播报提示等，见图4－48。

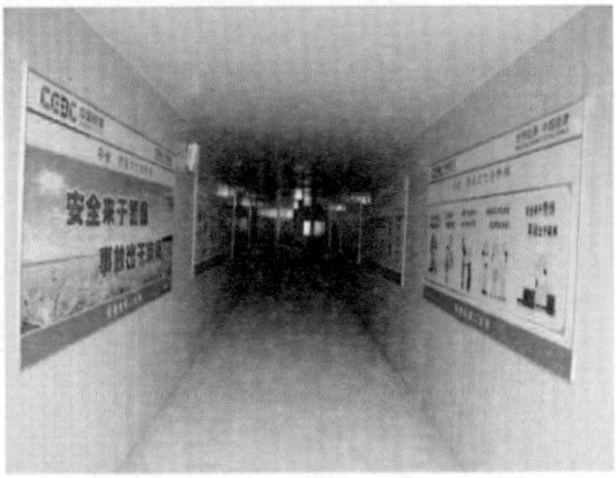

图4－48　施工现场通道设置

24. 施工用电设施

（1）电缆：厂房内与室内施工电源电缆架空布设，不具备条件情况下沿柱、梁、栏杆贴近敷设，过道处增加防护措施。其余采用直埋式敷设，地埋电缆应设明显走向标识。

（2）三级盘与便携式电源盘（四级盘）：三级盘为插座盘及单个开关盘，其壳体要求承包商在专业生产厂家定做；移动电源盘采用便携式卷线盘。

（3）剩余电流动作保护器：在二、三、四级盘内均应装设，每月校验一次并做好记录。

（4）安全隔离电源：锅炉炉膛及金属容器内施工电源采用安全隔离电源（二次不接地方式供电）。

（5）安全接地装置：在用电设备、配电盘柜的外壳、室内外配电装置的金属构架和钢筋混凝土构架以及靠近带电部分的金属遮栏、交直流电力电缆接线盒、终端盒的外壳和电缆的金属外皮、穿线钢管采取的接地措施。接地线一般采用扁钢，接地装置必须按照 DL 5009.1—2014《电力建设安全工作规程　第一部分：火力发电》的规定执行，确保牢固可靠，涂刷绿黄相间色标。接地装置应包括防雷接地装置。

（6）施工电源配套设施：施工变压器统一样式、统一布置、统一围栏，主要进场道路及经常出入口箱式变压器四周采用不锈钢栏杆，其他地方箱式变压器四周采用铁艺栏杆。地面混凝土硬化，基础台刷黄黑油漆。各标段一级盘、二级盘、三级盘统一标准、样式，应符合安全文明施工设施标准化的要求，配电盘柜放置地点须砌筑美观、规范的放置平台，盘柜内插座电压等级、开关负荷名称须标示清楚。电源一、二次盘柜设置组合式围栏及防护棚，三级盘下方设置快速插孔，从源头上杜绝作业人员用电出现私拉乱接现象。施工区域电源电缆走向布置合理，布设整齐、美观并标示清楚，由专职电工负责管理；盘柜门上应醒目标示安全标识、警示灯、管理者姓名与通信联络方式，见图 4－49。

图 4－49　施工用电安全防护设施

25. 力能设施

（1）为使现场具备较好的文明施工条件，承包商起重机械除门式起重机外，主吊机械原则上不使用轨道式起重机。

（2）现场氧气、乙炔、氩气使用采用排架或箱笼存的相对集中供气，见图 4－50。

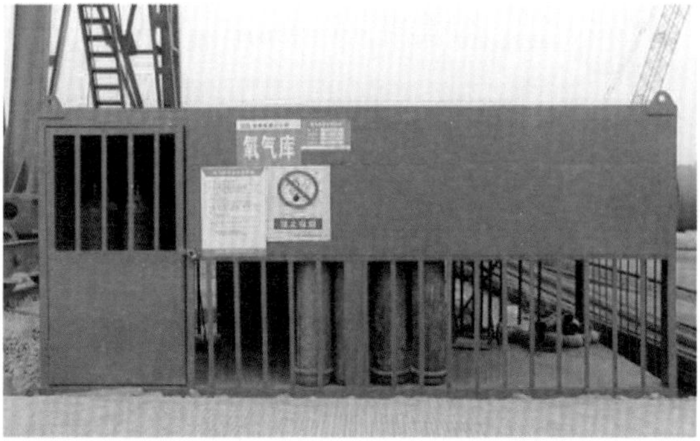

图 4－50 现场气源规范化存放

（3）现场所有力能管线均采用暗沟敷设或地下埋设措施（高处作业区域除外），锅炉厂房内必须架空的管线（包括电源线、火焊皮管、压缩空气管、热处理线）必须采用夹板、线槽、线卡、挂架等辅助固定措施，以达到敷设整齐美观的效果。锅炉区域焊机二次线集中布置，设置快速插头。电焊二次线应使用软橡套电缆，禁用铝芯线作电焊二次线。厂房内所有力能管线原则上禁止在地面或平台上无规则拖放。电焊机等应制作组合式金属罩棚，见图 4－51。

26. 照明设施

（1）加工场和户外集中作业区大面积采光采用集中广式照明设施，样式采用高杆灯，保证夜间人员行走安全。

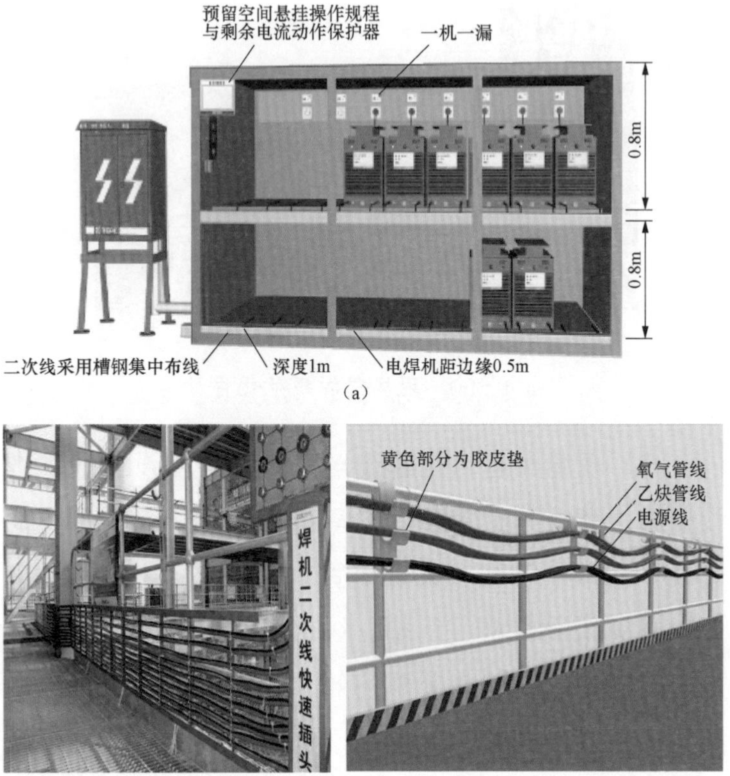

(a)

(b) (c)

图 4-51 电焊机集装箱及现场力能管线规范化敷设

(2) 户外采用桁架式或桅杆式、可拆卸标准节、固定照明灯塔，见图 4-52。

(3) 局部照明采用移动立杆式金属灯架。

(4) 厂房、室内照明采用可移动式集中与局部分散相结合的方式照明，局部照明用带防护罩的白炽灯。

图 4-52 现场户外照明

(5) 现场禁用简易碘钨灯作照明。

(6) 锅炉房、汽机房、除氧煤仓间、加工配制场、组合场等区域大面积照明系统，应设置专用照明控制盘，分路分层布设，集中控制。锅炉房照明应按通道照明、施工电梯照明、施工广式照明三种形式布置。

(7) 厂房、室内照明应采用高灯下照方式，并制作专用的灯具放置平台和灯架，现场禁止一切不规范的灯具悬挂或绑挂措施。

27. 消防设施

(1) 按规定配备灭火器以及沙箱、消防桶等消防器材；购置或制作摆放消防器材架、箱；汽机平台区域设置购置的微型消防站见图 4-53。

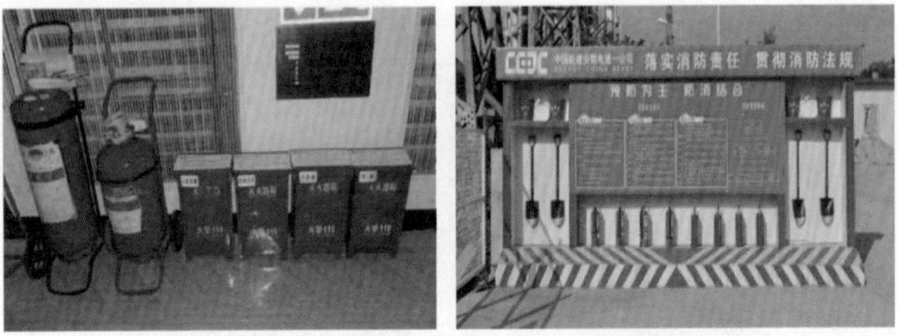

图 4-53 现场配备灭火器或微型消防站

（2）现场施工临时消防水系统由项目工程管理部门统一规划设计，安排相关承包商负责实施。

（3）施工用水管网和消防用水管网采用两网合并布置。在锅炉和烟囱工程施工过程中设专用增压泵给锅炉和烟囱的施工用水加压，应保证其压力满足消防要求。

（4）消防设施标识：现场消防设施（灭火器、消防沙池、消防桶、消防铲、消防带）须设置明显标识并按国家色标、要求标准配备。

28. 其他安全文明施工设施或管理措施

（1）电焊机集装箱与二次线通道：现场和厂房内电焊机采用集装箱布置，配套二次线通道和快速插头，电焊机二次线必须使用软橡套电缆，过道位置应采取带有安全标识的防护措施。

（2）监测设施防护：监测设施、雨水井、消防栓（室外地面上）必须设置围栏防护，标识必须齐全、醒目。施工监测点桩墩安全护栏使用不锈钢圆管制作，统一标高和色标，做到规范美观，见图 4－54。

图 4－54　现场施工检测设施的防护

29. 成品、半成品保护与防止“二次污染”

（1）承包商必须制订现场成品保护管理办法及具体保护方案，防止“二次污染”。

（2）设备安装后需实施遮盖保护。对于设备上方或周围存在危及设备安全的作业时，须对设备进行隔离保护，并重点对电气、热工仪表盘柜，设备保温外护板、小管道、成品楼层地面、地脚螺栓、混凝土楼梯及其扶手、混凝土结构梁柱、门窗工程成品、土建施工结束后的柱与墙面实施保护，见图 4－55。

图 4－55　现场成品保护

（3）油漆、粉刷、起吊等作业应采用主动保护措施，防止对其他成品造成污染与损坏。

30. 环境保护设施

（1）废料、垃圾分类存放场：施工与办公、生活产生的废料与垃圾共分为垃圾、可回收废品、不可回收废品、建筑垃圾四类，垃圾与废料分类临时存放场所以及处理措施由承包商具体负责。垃圾与废料存放设施样式、标识按《图册》执行。建筑和办公、生活垃圾处理由施工承包商自行外运处理。

（2）废料垃圾通道（推荐性标准）：汽轮机、锅炉、煤仓间施工废料和垃圾由承包商设置专用废料垃圾通道或废料垃圾箱送至地面，专人、专车定时负责清运。

（3）锅炉焊接防风墙（推荐性标准）：使用方钢框架并外衬彩钢板，搭设脚手架固定。

（4）高处水冲式厕所（推荐性标准）：汽机房、锅炉房高处水冲式厕所由承包商自行规划设置，安排专人管理及打扫，保证厕所内无蚊蝇，无异味。

（5）污水沉淀池：承包商须设置污水沉淀池、蓄积池，将施工、生活废水经过沉淀处理后排出厂区。建筑施工产生的废水主要通过沉淀方式处理，试验产生的废水应根据特性进行化学处理，生活污水应经过隔油沉淀等方式处理。

（6）污水检测口与噪声监测点：承包商应设立污水检测口，对经过处理待排出厂区的废水进行水质监控；设立噪声监测点配置声级计对施工产生的声量进行监测；吹管噪声应实施专项措施进行控制。

（7）油料与化学水剂防渗池：为防止各类油料及化学水剂外溢造成环境污染，承包商应设立存量1.1

倍容积的防渗池作为预防处理设施。

（8）废液回收设施：对废油料等废液在移交社会专业部门处理以前应设立专门回收存放设施。

（9）其他方面：要求喷砂车间采用轻型钢屋架全封闭结构，正面采用左右对开的三防雨布封闭，背面安装轴流风机供除尘用，避免扬尘污染环境。

第五章

分层施工策划

火电工程要实现高标准开工、分区域分层施工，需要对工程设计、采购、施工进度安排进行统筹策划，统一考虑，保证三条线协调一致。

1. 满足高标准开工安全文明施工要求

在主厂房浇筑第一方混凝土前，基本完成全厂主要的地下管网施工；以永临结合方式完成厂区主要道路等施工，达到高标准文明施工的基本条件。

2. 分区域、分层施工

在锅炉钢架吊装前，锅炉地下设施施工完成，形成锅炉粗地坪；在主厂房上部结构施工前，主厂房地下设施施工完成，形成主厂房粗地坪。地下设施包括：深、浅基础、设备和管道的疏水、无压放水、事故放油管道，闭式水、油净化沟道，电缆埋管（直径32mm 以上）等，避免二次开挖。

3. 设计要求

为达到高标准开工、分区域分层施工的目标，设计需要超前策划、打破常规设计流程，把本在施工图设计后期完成的工作，提前到项目浇筑第一方混凝土前完成设计。因此从设备采购、施工等均需给设计创造条件、留出时间空间，满足设计需求。

（1）梳理设计、采购、施工三条线的进度安排，为设计留出合理的时间。

（2）合理确定设备招标批次，尤其是一辅、二辅设备要满足分区域分层要求，做到定标时间快、资料提供及时，为设计创造条件。

（3）保证司令图设计深度，司令图设计阶段设备、管道布置做深、做细。

4. 为满足高标准开工的设计安排

根据浇筑主厂房第一方混凝土时间要求，对本工程厂区地下管线、厂区道路、锅炉房及主厂房地下设施进行策划安排。根据初步设计审查确定的总平面布置方案并经项目公司同意，提前进行全厂地下管线的综合布置、平面定位、管道（井）标高、管道交叉处理、与道路交叉处理等，其中与道路相关主要管线完成施工图设计。包括：厂区补水管、消防水管、工业给水及排水管、生活给水及排水管、含煤含油废水、回收及回用水管、雨水管、绿化水管。

5. 设计情况说明

为满足本工程实现高标准开工、分区域分层施工，设计进行了超前策划，也提出了对设备采购的进度要求。要满足高标准开工的要求，需要各方共同配合，缺一不可。

附录 A 重大风险辨识及评价清单（土建、安装、调试等）

项目危险源辨识风险评价采用 LEC 法，该风险评价法是一种用与系统风险有关的三种因素综合评价来确定系统人员伤亡风险的方法，三种因素：*L*（发生事故的可能性大小）、*E*（暴露于危险环境的频繁程度）、*C*（发生事故导致的后果），*LEC* 的乘积为风险值，用 *D* 表示（$D \geqslant 70$，列为重大风险）。

事故发生的可能性与 *L* 值对应表见表 A-1，人员暴露于危险环境中频繁程度与 *E* 值对应表见表 A-2，事故后果与 *C* 值对应表见表 A-3，监控级别、风险等级与 *D* 值对应表见表 A-4，重大风险辨识与评价清单（土建、安装）见表 A-5，重大风险辨识与风险评价清单（调试）见表 A-6。

表 A-1　事故发生的可能性与 *L* 值对应表

L 值	事故发生的可能性
10	完全可以预料
6	相当可能

续表

L 值	事故发生的可能性
3	可能，但不经常
1	可能性小，完全意外
0.2	极不可能
0.1	实际不可能

表 A-2　人员暴露于危险环境中频繁程度与 *E* 值对应表

E 值	频繁程度
10	连续暴露
6	每天工作时间内暴露
3	每周一次，或偶尔暴露
2	每月一次暴露
1	每年几次暴露
0.5	非常罕见暴露

表 A-3　事故后果与 *C* 值对应表

C 值	后果
100	数人以上死亡，或造成很大财产损失
40	一人死亡，或造成较大的财产损失
15	重伤，致残程度较重，或造成一定的财产损失

续表

C 值	后果
7	重伤，致残程度较轻，或较少的财产损失
3	轻伤，或很小的财产损失
1	引人注目，不利于基本安全卫生要求

表 A-4　监控级别、风险等级与 D 值对应表

D 值	风险程度	风险等级	现场监督旁站到位级别
>320	极其重大风险，不能继续作业	5 级	不允许施工
240～320	高度风险，需立即采取有效措施	4 级	施工单位项目领导 监理单位总监 总承包项目领导 项目公司项目领导
160～240			施工单位项目领导 监理单位安全副总监 总承包安监人员
70～160	显著风险，需有效措施	3 级	施工单位专业负责人 施工单位安监部主任
20～70	一般风险，需要注意	2 级	工地专职安全员
<20	轻微风险，可以接受	1 级	施工班长（技术员）

表 A－5　重大风险辨识与评价清单（土建、安装）

序号	工程名称施工项目	作业活动	危险因素	可导致事故	作业中危险性评价				危险级别	监控级别	控制措施
					L	E	C	D			
一	土建部分										
1	厂房施工										
1.1	主厂房土建施工	钢筋绑扎、模板支撑、混凝土浇筑、脚手架搭设等作业	高空作业不扎安全带	高空坠落	3	6	7	126	Ⅲ	☆☆☆	按要求扎好安全带，并挂在上方牢固的地点上
			施工脚手架塌落	物体打击	3	6	7	126	Ⅲ	☆☆☆	脚手架要经过验收挂牌
			施工电源无漏电保护	触电	3	6	7	126	Ⅲ	☆☆☆	施工电源用三相五线制，箱内安剩余电流动作保护器

续表

序号	工程名称施工项目	作业活动	危险因素	可导致事故	作业中危险性评价				危险级别	监控级别	控制措施
					L	E	C	D			
1.2	空冷土建施工	钢筋绑扎、模板支撑、混凝土浇筑、脚手架搭设等作业	高空作业不扎安全带	高空坠落	3	6	7	126	Ⅲ	☆☆☆	按要求扎好安全带，并挂在上方牢固的地点上
			施工脚手架塌落	物体打击	3	6	7	126	Ⅲ	☆☆☆	脚手架要经过验收挂牌
			施工电源无漏电保护	触电	3	6	7	126	Ⅲ	☆☆☆	施工电源用三相五线制，箱内安剩余电流动作保护器
1.3	空冷钢结构吊装施工	空冷钢结构吊装施工作业	高空作业不扎安全带	高空坠落	3	3	15	135	Ⅲ	☆☆☆	按要求扎好安全带，并挂在上方牢固的地点上
			吊装机械存在缺陷	机械伤害	3	3	15	135	Ⅲ	☆☆☆	定期检查钢丝绳、卡环等吊装工器具，各项安全装置齐全有效

续表

序号	工程名称施工项目	作业活动	危险因素	可导致事故	作业中危险性评价				危险级别	监控级别	控制措施
					L	E	C	D			
2	附属系统										
2.1	干灰库、输煤栈桥、转运站、筒仓等建筑施工	土方开挖，模板组合，脚手架搭设。土方开挖混凝土浇筑	施工人员不扎安全带	高空坠落	3	6	7	126	Ⅲ	☆☆☆	施工脚手架、走梯、走台、脚围板、跳板按规定搭设并有围栏，脚手架经验收合格挂牌后使用
			施工电源无漏电保护	触电	3	6	7	126	Ⅲ	☆☆☆	施工电源箱装剩余电流动作保护器
			脚手架坍塌、物体打击	坍塌、人身伤亡	1	3	40	120	Ⅲ	☆☆☆	按标准搭设，脚手架要经过验收挂牌
2.2	过滤器间、化学水、油泵房等	土方开挖、脚手架搭设、混凝土浇筑	土方坍塌，触电、高处坠落	人身伤害，触电	3	6	7	126	Ⅲ	☆☆☆	土方开挖按规定放坡，基础坑做好防水措施，施工电源使用三相五线制，二级箱内加剩余电流动作保护器

续表

序号	工程名称施工项目	作业活动	危险因素	可导致事故	作业中危险性评价				危险级别	监控级别	控制措施
					L	E	C	D			
3	烟囱施工										
3.1	电动提升系统	电动提升系统	安全装置不全	事故发生及设备损坏	1	3	40	120	Ⅲ	☆☆☆	电梯必须有限位等装置，试验合格严禁超载
			使用前没有检测	事故发生及设备损坏	3	1	40	120	Ⅲ	☆☆☆	电梯有限位制动装置且可靠，并检查合格后使用
			使用前没有进行荷载试验	事故发生及设备损坏	3	1	40	120	Ⅲ	☆☆☆	使用前进行荷载试验，使用时不能满负荷或超载
			安拆没有填写安全施工作业票，没有交底	事故发生及设备损坏	3	1	40	120	Ⅲ	☆☆☆	安拆进行技术交底，填写作业票，设备定期检查，钢结构变形及时更换

续表

序号	工程名称施工项目	作业活动	危险因素	可导致事故	作业中危险性评价				危险级别	监控级别	控制措施
					L	E	C	D			
3.1	电动提升系统	电动提升系统	运行没有检查易损件等	事故发生及设备损坏	3	1	40	120	Ⅲ	☆☆☆	运行过程中对易损件、附着架等特殊零件进行检查，并按时更换
			运行过程中没有进行维修、保养	事故发生及设备损坏	3	2	15	90	Ⅲ	☆☆☆	运行过程中设专人检查维修保养，减少或避免事故发生
3.2	电气作业	电气作业	施工行灯电压	触电	3	3	15	135	Ⅲ	☆☆☆	施工时行灯电压不得大于36 V且灯头设有防罩
			手持电动工具未设漏电保护	触电	3	3	15	135	Ⅲ	☆☆☆	手持电动工具要设置剩余电流动作保护器，移动电源箱制作符合标准

续表

序号	工程名称施工项目	作业活动	危险因素	可导致事故	作业中危险性评价				危险级别	监控级别	控制措施
					L	E	C	D			
3.3	翻模施工木工作业	翻模施工木工作业	工器具掉到危险区域私自去取	伤人事故	3	2	15	90	Ⅲ	☆☆☆	工器具或其他东西掉落在危险区域必须同上部负责人沟通后再去取
3.4	翻模施工混凝土作业	翻模施工混凝土作业	振捣人员没带绝缘保护等	触电伤人	1	6	15	90	Ⅲ	☆☆☆	使用振捣器前应检查电缆是否有破损，振捣器是否安漏电保护，操作人戴绝缘手套、穿绝缘鞋
			作业面上的行灯电压超标	触电伤人	1	6	15	90	Ⅲ	☆☆☆	作业面上所用行灯电压不得超过36V

续表

序号	工程名称施工项目	作业活动	危险因素	可导致事故	作业中危险性评价				危险级别	监控级别	控制措施
					L	*E*	*C*	*D*			
3.5	电动提模平台组装	电动提模平台组装	平台及起重系统装后未试验就组织施工	伤人事故	3	2	40	240	V	☆☆☆☆☆	平台组装后要经过负载试验、抱刹试验、限位试验，起重系统要经过试运行和检查，抱杆做负荷试验后使用
			信号员精力不集中误操作	伤人事故	3	2	40	240	V	☆☆☆☆☆	信号员认真负责，严禁与他人闲谈，按操作规程进行
			安全网未跟上	伤人事故	3	3	15	135	Ⅲ	☆☆☆	高处作业先将安全网挂好后再进行安装模板

续表

序号	工程名称施工项目	作业活动	危险因素	可导致事故	作业中危险性评价				危险级别	监控级别	控制措施
					L	E	C	D			
3.5	电动提模平台组装	电动提模平台组装	没按指导书拆除顺序施工	伤人事故	3	3	15	135	Ⅲ	☆☆☆	拆除程序按作业指导书要求进行，避免交叉作业
			拆除大件没分解加保护绳	伤人事故	6	3	15	270	Ⅴ	☆☆☆☆☆	大件拆除应分解并事先用麻绳拴住，禁止成片拆除
			起重系统安装未满足设计和规范要求	伤人事故	3	2	40	240	Ⅴ	☆☆☆☆☆	卷扬机、钢丝绳、滑轮的安全应满足设计和规范要求，载人用钢丝绳不小于14倍安全系数，滑轮直径＞$30d$，d为钢丝绳直径

续表

序号	工程名称施工项目	作业活动	危险因素	可导致事故	作业中危险性评价				危险级别	监控级别	控制措施
					L	E	C	D			
3.6	钢平台吊装系统	钢平台吊装系统组装、拆除	安全措施没审批或交底不清	伤人事故	3	3	15	135	Ⅲ	☆☆☆	安装拆除作业指导书必须经审批，作业前由专工进行技术交底，设专人指挥专人监护
			危险区域不明显，无监护人	伤人事故	3	6	15	270	Ⅴ	☆☆☆☆☆	划出危险区并做围栏防护，挂警示牌，设专人警界监护
			提升平台离三角架过高，安全网在安三角架时散开	伤人事故	3	2	15	90	Ⅲ	☆☆☆	当暗椎全部露出后即可安装三角架，并及时将底提升平台跳板返到三角架上，同时将安全网栓挂到三角架的根部，当底提升平台超过三角架500mm后即可安装走道板

续表

序号	工程名称施工项目	作业活动	危险因素	可导致事故	作业中危险性评价				危险级别	监控级别	控制措施
					L	E	C	D			
3.6	钢平台吊装系统	钢平台吊装系统组装、拆除	安装走道板人员没设双保监护	伤人事故	3	3	15	135	Ⅲ	☆☆☆	安装走道板人员必须采用双重保护且设专人监护
			信号平台安装完成未及时恢复安全网或检查	伤人事故	3	3	15	135	Ⅲ	☆☆☆	信号平台安装完后，清理干净，及时恢复安全网，安全网要拴挂牢
			安全装置的可靠性	伤人事故	3	2	15	90	Ⅲ	☆☆☆	安全装置按规定要求安装，并检验试验合格
3.7	钢平台吊装	钢平台吊装	钢平台的安装	伤人事故	3	2	15	90	Ⅲ	☆☆☆	吊点、吊具进行设计验收，满足承载力，吊具检验合格并栓结牢固，吊点受力均匀，安装人员具有可靠的作业面

续表

序号	工程名称施工项目	作业活动	危险因素	可导致事故	作业中危险性评价				危险级别	监控级别	控制措施
					L	E	C	D			
4	脱硫系统建筑施工										
4.1	混凝土搅拌站	混凝土搅拌站	搅拌站清理没停电没设监护	触电	1	6	15	90	Ⅲ	☆☆☆	搅拌站清理必须停电、停机挂牌，作业专人监护
			皮带机上料挡板和搅拌不牢	伤人事故	1	6	15	90	Ⅲ	☆☆☆	皮带机上料挡墙必须按设计方案执行，验收合格
4.2	土方开挖	土方开挖	土方坍塌	伤人事故	3	6	7	126	Ⅲ	☆☆☆	按爆破施工指导书装药，爆破前认真填写爆破作业票，并做好措施
4.3		土方人工开挖	土方坍塌	伤人事故	3	5	6	90	Ⅲ	☆☆☆	人工开挖须做好防范措施，防止土方坍塌，按指导书放坡

续表

序号	工程名称施工项目	作业活动	危险因素	可导致事故	作业中危险性评价				危险级别	监控级别	控制措施
					L	*E*	*C*	*D*			
4.4	脚手架搭设	脚手架搭设	不按规定搭设、不验收、不挂牌	坠落	3	6	7	126	Ⅲ	☆☆☆	脚手架按规定搭设，跳板有绑扎经验收后挂牌
4.5	起重作业施工用电作业	翻模起重作业电源接线、混凝土浇筑	作业面上的栏杆拉链	伤人事故	1	6	15	90	Ⅲ	☆☆☆	作业面上的栏杆齐全并按规定设三道拉链，要求拉链拴牢，并能保持水平
			电源箱无锁闸设置	触电、意外事故	3	3	15	135	Ⅲ	☆☆☆	施工电源箱必须设置专人专项锁管理
			跳板、走台板施工不合格	伤人事故	3	6	7	270	Ⅴ	☆☆☆	每节跳板、走台板作业人员必须边施工边检查板带，搭接探头、走台板修复人员对搭接进行二次调整或更换

续表

序号	工程名称施工项目	作业活动	危险因素	可导致事故	作业中危险性评价				危险级别	监控级别	控制措施
					L	E	C	D			
4.5	起重作业施工用电作业	翻模起重作业电源接线、混凝土浇筑	翻网人员在三角架外作业	伤人事故	3	3	15	135	Ⅲ	☆☆☆	翻网人员严禁在三角架（平拉）外作业，安全带挂在三角架牢固处在三角架空间穿行
			拆模与防腐堵眼与绑筋交叉作业	伤人事故	3	3	15	135	Ⅲ	☆☆☆	不得进行钢筋绑扎与拆模、支撑与防腐、堵眼工作交叉作业，同时进行时错开
4.6	燃料燃油系统建筑施工	土方开挖	土方坍塌	伤人事故	3	6	7	126	Ⅲ	☆☆☆	按爆破施工指导书装药，爆破前认真填写爆破作业票，并做好措施

续表

序号	工程名称施工项目	作业活动	危险因素	可导致事故	作业中危险性评价				危险级别	监控级别	控制措施
					L	*E*	*C*	*D*			
4.6	燃料燃油系统建筑施工	土方人工开挖	土方坍塌	伤人事故	3	5	6	90	Ⅲ	☆☆☆	人工开挖须做好防范措施，防止土方坍塌，按指导书放坡
		脚手架搭设	不按规定搭设、不验收、不挂牌	坠落	3	6	7	126	Ⅲ	☆☆☆	脚手架按规定搭设，跳板有绑扎经验收后挂牌
4.7	燃料燃油系统建筑施工	模板组合	高空作业不扎安全带，交叉作业无措施	伤人事故	3	6	15	270	Ⅴ	☆☆☆☆☆	高空中支模板需搭合格的架手架且施工人员扎安全带
		混凝土浇筑	操作人员不戴绝缘保护	触电	3	6	7	126	Ⅲ	☆☆☆	振捣员戴绝缘手套、穿绝缘鞋，施工电源加剩余电流动作保护器

续表

序号	工程名称施工项目	作业活动	危险因素	可导致事故	作业中危险性评价				危险级别	监控级别	控制措施
					L	E	C	D			
二	安装部分										
1	汽机专业										
1.1	设备运输起重作业	装车、运输、卸车、吊装就位	不正确使用钢丝绳	人身设备损害	3	6	7	126	Ⅲ	☆☆☆	钢丝绳安全系数：绑扎绳10倍；千斤绳6～8倍。严禁与带电体接触，物体棱角处垫好管皮方木，机械运动中不能与其他物体摩擦
			滑车组合时卷扬机松动钢丝绳断裂，物件坠落	人身设备损害	3	6	7	126	Ⅲ	☆☆☆	卷扬机设置稳固，导向滑车与卷扬机中心一致，严禁吊物与其他物品碰撞或卡涩

续表

序号	工程名称施工项目	作业活动	危险因素	可导致事故	作业中危险性评价				危险级别	监控级别	控制措施
					L	E	C	D			
1.1	设备运输起重作业	装车、运输、卸车、吊装就位	卸扣错误使用	人身设备损害	3	5	6	90	Ⅲ	☆☆☆	卸扣不能横向受力，卸扣销子不得扣在活动性较大的索具内，不得使卸扣处于吊物的转角处
			倒链链条断裂或滑落	人身设备损害	6	3	7	126	Ⅲ	☆☆☆	使用前认真检查，并经负荷试验合格，严禁超载或双链改单链，吊起重物时如需长时间停留，应将手链固定
1.2	汽轮机汽缸	低压缸、中压缸、高压缸	桥吊吊起汽缸设备发生意外	人身伤害、设备损坏	3	3	15	135	Ⅲ	☆☆☆	使用桥吊吊运设备附件应先检查卡具钢丝绳

续表

序号	工程名称施工项目	作业活动	危险因素	可导致事故	作业中危险性评价				危险级别	监控级别	控制措施
					L	E	C	D			
1.2	汽轮机汽缸	低压缸、中压缸、高压缸	设备开箱板乱抛	扎脚	3	6	7	126	Ⅲ	☆☆☆	设备开箱后，带钉子的木板立即清理
			汽机平台及孔洞没设防护栏杆	高空坠落	3	3	15	135	Ⅲ	☆☆☆	汽机平台四周安装临时栏杆，孔洞用跳板盖严
			汽机间桥吊带病运行	人员设备损坏	3	6	7	126	Ⅲ	☆☆☆	汽机间桥吊使用前做负荷试验，装齐安全设施后再使用
			起重指挥不明确	人员设备损坏	3	6	7	126	Ⅲ	☆☆☆	专人指挥（起重工）集中精力
			桥吊司机误操作	人员设备损坏	3	6	7	126	Ⅲ	☆☆☆	带证司机专人操作，按规程要求操作

续表

序号	工程名称施工项目	作业活动	危险因素	可导致事故	作业中危险性评价				危险级别	监控级别	控制措施
					L	E	C	D			
1.3	发电机定（静）子吊装	发电机定（静）子吊装	不按吊装方案进行施工	人员设备损坏	6	3	15	270	V	☆☆☆☆☆	发电机定子吊装前必须编制施工方案作业指导书、安全技术措施，经总工程师批准后方可吊装
			不填写重大带电施工作业票无防范措施	人员设备损坏	3	3	15	135	Ⅲ	☆☆☆	发电机定子吊装前应填写（安全施工作业票），并派安全专业人员现场监控监督检查
			吊装前不检查卡具、吊具、钢丝绳	人员设备损坏	3	3	15	135	Ⅲ	☆☆☆	吊装前需检查吊装工具，钢丝绳是否完好无异常
			两台吊装同时作业指挥混乱	人员设备损坏	3	3	15	135	Ⅲ	☆☆☆	两台吊车同时作业需专人指挥，两台吊车负荷减少（85%）

续表

序号	工程名称施工项目	作业活动	危险因素	可导致事故	作业中危险性评价				危险级别	监控级别	控制措施
					L	E	C	D			
1.4	发电机穿转子	发电机穿转子	发电机穿转子桥吊突然发生故障	人员设备损坏	3	6	7	126	Ⅲ	☆☆☆	发电机穿转子前对桥吊进行认真检查（机务、电气）
			发电机穿转子过程钢丝绳断裂	人员设备损坏	3	5	6	90	Ⅲ	☆☆☆	穿转子用卡具钢丝绳子认真检查，发现破损严禁使用
			发电机周围孔洞无栏杆	坠落伤人	3	5	6	90	Ⅲ	☆☆☆	发电机周围设置栏杆孔洞用盖板盖严，并挂警示牌
1.5	高压加热器安装	高压加热器安装	高压加热器吊装就位指挥混乱	人员及设备损害	3	6	7	126	Ⅲ	☆☆☆	高压加热器吊装就位按作业指导书施工，起重由专人指挥

续表

序号	工程名称施工项目	作业活动	危险因素	可导致事故	作业中危险性评价				危险级别	监控级别	控制措施
					L	*E*	*C*	*D*			
1.5	高压加热器安装	高压加热器安装	起吊绑扎点错误	人员及设备损害	3	3	15	135	Ⅲ	☆☆☆	高压加热器起吊绑点要经过严密计算，需找出中心，计算出吊点位置
			配制管道人员高空作业不扎安全带	高空坠落	3	5	6	90	Ⅲ	☆☆☆	高空作业人员按规定要求扎好安全带，并挂在上方牢固地方
			高空作业人员不扎安全带	高空坠落	3	6	15	270	Ⅴ	☆☆☆☆☆	高空作业人员按规定系好安全带，并挂在牢固可靠地点
			施工脚手架无防护栏杆、跳板无绑扎	高空坠落	6	6	7	252	Ⅴ	☆☆☆☆☆	按规定搭设脚手架，有栏杆、有脚踏板
			管道空中对口斤不落突然断裂	人员及设备损害	5	5	8	200	Ⅳ	☆☆☆☆	使用斤不落（手拉葫芦）前应进行认真检查完好程度

续表

序号	工程名称施工项目	作业活动	危险因素	可导致事故	作业中危险性评价				危险级别	监控级别	控制措施
					L	E	C	D			
1.6	循环水泵房设备安装	循环水泵房设备安装	循环水泵房零米孔洞没有盖严	坠落	6	3	15	270	Ⅴ	☆☆☆☆☆	循环水泵房内零米孔洞必须盖严或设围栏
			循环泵房桥吊没经负荷试验就使用	人员设备损害	3	5	6	90	Ⅲ	☆☆☆	吊车使用前必须经过负荷试验后方可使用
			施工脚手架不按规定搭设	高空坠落	6	7	7	294	Ⅴ	☆☆☆☆☆	按规定搭设脚手架，经验收合格并挂牌使用
			安装桥吊人员不扎安全带	高空坠落	3	5	6	90	Ⅲ	☆☆☆	高空作业人员系好安全带，并挂在牢固可靠地点

续表

序号	工程名称施工项目	作业活动	危险因素	可导致事故	作业中危险性评价				危险级别	监控级别	控制措施
					L	*E*	*C*	*D*			
1.7	除氧间设备安装	除氧间设备安装	各层平台孔洞无盖板	坠落伤人	3	5	6	90	Ⅲ	☆☆☆	各层平台的孔洞必须用木板（铁板）堵严或设栏杆挂牌
			起重作业无专人指挥	人身设备损坏	6	6	7	252	V	☆☆☆☆☆	设备吊装就位起重作业时必须由一人专门指挥
			管道安装脚手架不按规定搭投	高空坠落	3	6	7	126	Ⅲ	☆☆☆	搭设脚手架按有关规定经验收合格后挂牌使用
			高空作业人员没有扎安全带	高空坠落	3	6	15	270	V	☆☆☆☆☆	高空作业人员必须按规定系好安全带，并挂在上方牢固地点

续表

序号	工程名称施工项目	作业活动	危险因素	可导致事故	作业中危险性评价				危险级别	监控级别	控制措施
					L	E	C	D			
1.8	化学水系统	阳床、酸罐、阴床、碱罐、混合床、耐酸泵（水泵）等设备安装和加药调试	设备运输机动车速度过快	人身设备损坏	3	5	6	90	Ⅲ	☆☆☆	施工现场运输主要设备机动车限速15km/h
			安装就位吊车发生故障	人身设备损坏	3	5	8	120	Ⅲ	☆☆☆	设备安装就位前应先检查吊车及起重工器具是否完好
			安装人员不扎安全带	高空坠落	3	5	6	90	Ⅲ	☆☆☆	安装吊车的施工人员必须系好安全带并挂在上方牢固地点
			施工脚手架不按规定搭设	高空坠落	3	6	7	126	Ⅲ	☆☆☆	按规定搭设施工脚手架，经验收合格挂牌使用
			电源盘受电后无警示标识	触电	3	3	15	135	Ⅲ	☆☆☆	带电运行的电气设备必须标有警示牌

续表

序号	工程名称施工项目	作业活动	危险因素	可导致事故	作业中危险性评价				危险级别	监控级别	控制措施
					L	E	C	D			
1.9	滤油（润滑油）	密封油顶轴油、调速油	滤油棚内无消防器材	火灾	3	5	6	90	Ⅲ	☆☆☆	滤油棚内必须设置消防器材
			滤油机工作无人值班	意外事故	3	5	6	90	Ⅲ	☆☆☆	滤油时应有值班人在监护（值班人认真负责）
			油系统无专人监视	火灾，伤人事故	3	6	15	270	Ⅴ	☆☆☆☆☆	油系统运行过程中必须设专人监护
			重要设备无专人监视	人身设备损坏	3	6	7	126	Ⅲ	☆☆☆	重要设备在运行中必须设专人监护（给水泵）

续表

序号	工程名称施工项目	作业活动	危险因素	可导致事故	作业中危险性评价				危险级别	监控级别	控制措施
					L	E	C	D			
1.9	滤油（润滑油）	密封油顶轴油、调速油	停机检修不办理工作票	意外事故	6	6	7	252	Ⅴ	☆☆☆☆☆	停机检修设备必须填写工作票
			厂房个别处孔洞不盖严	坠落	3	5	6	90	Ⅲ	☆☆☆	孔洞必须盖严或设置围栏，挂警示牌
			易燃易爆地点不设消防器材	火灾	3	5	10	150	Ⅲ	☆☆☆	易燃、易爆场所必须设消防器材
			试运指挥部没有应急救护车	伤人事故	3	6	15	270	Ⅴ	☆☆☆☆☆	试运指挥部应备用一台机动车，防止意外事故发生
2	锅炉专业										

续表

序号	工程名称施工项目	作业活动	危险因素	可导致事故	作业中危险性评价				危险级别	监控级别	控制措施
					L	E	C	D			
2.1	锅炉设备	锅炉设备运输设备二次倒运	起吊运输重大设备不办理施工作业票	人员机械伤害	3	6	7	126	Ⅲ	☆☆☆	达到起重机 95% 负荷时必须填写安全施工作业票，并做好防范措施进行安全起吊
			起吊物绑扎不牢，吊点选择错误	人员机械伤害	3	6	7	126	Ⅲ	☆☆☆	起吊运输设备时按作业指导书施工方案正确选择吊点，绑扎要牢固
			起重机起吊运输使用三个动作	人员机械设备损坏	3	6	7	126	Ⅲ	☆☆☆	起重机（吊车）起吊运输过程中严禁三个动作同时进行
			风雪、雷雨天气起重作业	人员机械设备损坏	6	6	7	252	Ⅴ	☆☆☆☆☆	大雪、大雾、雷雨等恶劣气候或照明不足，指挥人员看不清工作地点、操作人员看不清信号时不得进行起重作业

续表

序号	工程名称 施工项目	作业活动	危险因素	可导致事故	作业中危险性评价				危险级别	监控级别	控制措施
					L	*E*	*C*	*D*			
2.2	钢架吊装	钢架吊装、地面组合吊装	构件的吊点随意更改	人员设备损坏	6	6	7	252	V	☆☆☆☆	构件的吊点应符合施工技术措施的规定，不得任意更改吊索及吊环，应经计算选择
			氧气瓶、乙炔瓶距离不符合要求	火灾爆炸	3	6	7	126	Ⅲ	☆☆☆	按规程要求氧气瓶与乙炔的距离应在6m以上
			施工电源不是三相五线制	触电	6	6	3	108	Ⅲ	☆☆☆	施工电源必须采用三相五线制，运行方式二级箱装漏电保护
			高空作业人员不系安全带	高空坠落	3	6	7	126	Ⅲ	☆☆☆	高空作业人员必须按规定系好安全带并挂在上方牢固地点

续表

序号	工程名称施工项目	作业活动	危险因素	可导致事故	作业中危险性评价				危险级别	监控级别	控制措施
					L	E	C	D			
2.3	设备安装	锅炉设备安装	连接件坠落	人员设备伤害	3	6	7	126	Ⅲ	☆☆☆	起重吊装连接件必须绑扎牢固，螺栓必须拧紧
			工具脱手，高空作业不系安全带	物体打击高空坠落	3	6	7	126	Ⅲ	☆☆☆	高空作业使用的工器具必须采取措施，施工人员系好安全带
2.4	省煤器	空气预热器、过热器、再热器、水冷壁	孔洞无盖板	坠落	6	3	15	270	Ⅴ	☆☆☆☆☆	施工现场的孔洞采取围栏或盖板盖严措施

续表

序号	工程名称施工项目	作业活动	危险因素	可导致事故	作业中危险性评价				危险级别	监控级别	控制措施
					L	*E*	*C*	*D*			
2.5	锅炉辅机安装	烟风六道配制及安装，风、灰、烟、煤风扇磨煤机，刮板给煤机，排粉机，送风机、引风机	起重作业区伸臂、重物下无关人员停留或作业	人员伤害	3	6	7	126	Ⅲ	☆☆☆	吊车起重臂下方严禁站人或通行作业施工区
			施工现场照明不足	人员伤害	3	6	7	126	Ⅲ	☆☆☆	夜间施工必须装设足够的照明，防止发生意外事故
			钢丝绳使用方法不当，系数小	人员设备伤害	6	6	7	252	Ⅴ	☆☆☆☆☆	指导书中明确钢丝绳必须达到要求标准，棱角处垫半圆管
			孔洞无盖板	人员设备伤害	6	3	15	270	Ⅴ	☆☆☆☆☆	施工现场孔洞必须采取防范措施（盖板、栏杆）

续表

序号	工程名称施工项目	作业活动	危险因素	可导致事故	作业中危险性评价				危险级别	监控级别	控制措施
					L	E	C	D			
2.5	锅炉辅机安装	烟风六道配制及安装，风、灰、烟、煤风扇磨煤机，刮板给煤机，排粉机，送风机、引风机	斤不落拉链断裂	人员伤害	3	6	7	126	Ⅲ	☆☆☆	使用斤不落调正设备前认真检查倒链及千斤
			卷扬机传动轴齿轮带无防护罩	人员伤害	3	6	7	126	Ⅲ	☆☆☆	卷板机齿轮皮带轴应有保护罩防止伤人
2.6	烟风六道配制及安装	风、灰、烟、煤	高空作业不系安全带	高空坠落	3	6	15	270	Ⅴ	☆☆☆☆☆	高空作业人员必须系安全带，并挂在上方牢固的地点上
			施工脚手架不按规定搭设	高空坠落	3	6	15	270	Ⅴ	☆☆☆☆☆	按规定搭设脚手架经验收合格挂牌使用

续表

序号	工程名称施工项目	作业活动	危险因素	可导致事故	作业中危险性评价				危险级别	监控级别	控制措施
					L	E	C	D			
2.7	水压试验	水压试验	试压泵周围人员混乱	人员伤害	3	5	6	90	Ⅲ	☆☆☆	试压泵周围应设围栏非工作人员不得入内
			升压过程中做其他试验项目	人员伤害	3	6	15	270	Ⅴ	☆☆☆☆	在升压过程中应停止试验系统上的一切工作
			超压试验时误检查工作	人员伤害	1	6	40	240	Ⅴ	☆☆☆	超压试验时不得进行任何检查项目，待压力降低到工作压力以后再检查
			水压试验后的容器不采取措施进入内部	人员伤害	3	6	15	270	Ⅴ	☆☆☆☆☆	进入经水压试验后的金属容器前先检查空气门，确认无负压后方可打开人孔门

续表

序号	工程名称施工项目	作业活动	危险因素	可导致事故	作业中危险性评价				危险级别	监控级别	控制措施
					L	*E*	*C*	*D*			
2.8	锅炉酸洗	锅炉酸洗	酸洗液用的管道（临时）是有缝钢管	人员伤害	3	6	15	270	V	☆☆☆☆☆	酸洗用的临时管道应用无缝钢管
			废酸液乱排放无统一规划	人员伤害	3	6	15	270	V	☆☆☆☆☆	酸洗措施中应有明确的废酸液排放注意事项，并符合当地有关部门排污达标要求，废酸排污应取得当地环保部门批准
			使用化学药剂的人不懂药剂的性质	人员伤害	3	5	6	90	Ⅲ	☆☆☆	搬运和使用化学药剂的人员应熟悉药剂的性质和操作方法，掌握操作安全注意事项和各种防范措施

续表

序号	工程名称施工项目	作业活动	危险因素	可导致事故	作业中危险性评价				危险级别	监控级别	控制措施
					L	E	C	D			
2.8	锅炉酸洗	锅炉酸洗	酸碱作业场所无防护设施	人员伤害	3	3	15	135	Ⅲ	☆☆☆	在进行酸碱作业的地点应备有清水、毛巾、药棉和急救中和用的药液
			稀释浓硫酸方法不当	人员伤害	3	6	7	126	Ⅲ	☆☆☆	稀释浓硫酸时严禁将水倒入浓硫酸中，应将浓硫酸缓慢倒入水中
2.9	筑炉和保温	筑炉和保温	脚手架不按规定搭设并超载	人员伤害	6	6	7	252	Ⅴ	☆☆☆☆☆	按规定搭脚手架经验收合格后挂牌使用
			用人工提吊保温材料时接料人没有防护	人员伤害	3	6	7	126	Ⅲ	☆☆☆	上方接料人员必须站在防护栏杆内侧，并系好安全带

续表

序号	工程名称施工项目	作业活动	危险因素	可导致事故	作业中危险性评价				危险级别	监控级别	控制措施
					L	E	C	D			
2.9	筑炉和保温	筑炉和保温	灰桶、耐火砖放在脚手架通道上	人员伤害	3	5	6	90	Ⅲ	☆☆☆	严禁灰桶耐火砖和保温材料堆放在脚手架通道上
2.10	电除尘设备、脱硫设备安装	电除尘设备、脱硫设备安装	吊装组合无施工方案	人员伤害	6	6	7	252	Ⅴ	☆☆☆☆☆	电除尘、脱硫设备安装应编制施工方案、作业指导书，经有关专业人员审批后，进行安装技术措施交底后方可施工
			起重吊装作业无专人指挥	人员伤害	6	6	7	252	Ⅴ	☆☆☆☆☆	用吊车安装就位设备时必须由专人进行起重指挥
			施工电源无防雨、防雪措施	触电	3	5	6	90	Ⅲ	☆☆☆	采用三相五线制运行方式的施工电源盘箱，必须有防雨、防风、防雪措施

续表

序号	工程名称施工项目	作业活动	危险因素	可导致事故	作业中危险性评价				危险级别	监控级别	控制措施
					L	E	C	D			
2.10	电除尘设备、脱硫设备安装	电除尘设备、脱硫设备安装	起重机吊装带病运行	人员机械损害	6	6	7	252	Ⅴ	☆☆☆☆	吊车吊装作业前认真检查，确认无误后方可起吊
			脚手架不按规定搭设	高空坠落	6	6	7	252	Ⅴ	☆☆☆☆☆	按规定搭设合格的脚手架经验收后挂牌使用
			高空作业人员不系安全带	高空坠落	3	3	15	135	Ⅲ	☆☆☆	高空作业人员按规定系好安全带，并挂在上方牢固的地点
2.11	电除尘设备	脱硫设备安装	使用手持电动机械无接零	触电	3	5	6	90	Ⅲ	☆☆☆	手持电动工具必须有接零接地保护，并装漏电保护

续表

序号	工程名称施工项目	作业活动	危险因素	可导致事故	作业中危险性评价				危险级别	监控级别	控制措施
					L	E	C	D			
2.12	燃煤系统	轮斗机安装、输煤栈桥设备安装、翻车机室设备安装	施工电源不采用三相五线制运行	触电	6	4	4	96	Ⅲ	☆☆☆	施工电源应采用三相五线制运行方式，配电盘中应装设剩余电流动作保护器
			不按规定要求使用汽油等易燃品	火灾	3	6	7	126	Ⅲ	☆☆☆	清洗地点严禁烟火，离电、火焊作业，地面油污及时擦净，废油及用过的破布应分别集中放在有盖的铁桶内，定期清除
			金属容器内作业触电等	触电	3	3	15	135	Ⅲ	☆☆☆	金属容器内需有可靠接地，行灯变压器不准带入容器内，在密封容器内工作应设通风设备，内部温度不能超过40℃

续表

序号	工程名称施工项目	作业活动	危险因素	可导致事故	作业中危险性评价				危险级别	监控级别	控制措施
					L	E	C	D			
2.12	燃煤系统	轮斗机安装、输煤栈桥设备安装、翻车机室设备安装	空气压缩机伤人	人员伤害	3	6	7	126	Ⅲ	☆☆☆	设专人维护定期检查自动启停装置，灵敏安全阀必须可靠，开送风阀前应先通知工作地点人员，出气口处不得有人工作
2.13	燃油系统	燃油管道安装、电气设备安装、变压器配电盘照明电缆敷设	工作台面没有接地	触电	3	5	6	90	Ⅲ	☆☆☆	工作台必须有良好的接地
			金属容器内作业触电	触电	3	6	15	270	Ⅴ	☆☆☆☆☆	金属容器须有可靠接地，行灯变压器不准带入容器内，在容器内工作应设通风装置，内部温度低于40℃

续表

序号	工程名称施工项目	作业活动	危险因素	可导致事故	作业中危险性评价				危险级别	监控级别	控制措施
					L	*E*	*C*	*D*			
2.13	燃油系统	燃油管道安装、电气设备安装、变压器配电盘照明电缆敷设	设备清洗脱脂使用汽油	火灾	3	6	7	126	Ⅲ	☆☆☆	设备清洗时脱脂严禁使用汽油，工作场所应通风良好，严禁烟火
			施工电源不采用三相五线制	触电	6	6	7	252	Ⅴ	☆☆☆☆☆	施工电源应采用三相五线制运行方式，配电盘中加漏电保护
			电缆沟内照明不是36V	触电	3	3	15	135	Ⅲ	☆☆☆	电缆沟及容器内照明必须采用36 V照明

续表

序号	工程名称施工项目	作业活动	危险因素	可导致事故	作业中危险性评价				危险级别	监控级别	控制措施
					L	*E*	*C*	*D*			
2.14	锅炉试运行	锅炉试运行	点火用乙炔罐随意乱放	火灾、爆炸	3	6	7	126	Ⅲ	☆☆☆	用液态烃和乙炔点火时气瓶应放在防火防爆的安全地带，安全阀、控制阀表计等齐全完好，操作时应有防止回火措施
			煮炉时不按规定配制碱液	人员伤害	3	6	7	126	Ⅲ	☆☆☆	煮炉时加水加碱应缓慢进行，碱液箱应加盖，确认炉内无压力后方可向炉内注入碱液
			观察锅炉燃烧情况，不戴防护镜	人员伤害	3	5	6	90	Ⅲ	☆☆☆	观察炉内燃烧情况时，应戴防护眼镜或用有色玻璃遮住眼睛。锅炉运行不稳定时，不能站在看火孔对面

续表

序号	工程名称施工项目	作业活动	危险因素	可导致事故	作业中危险性评价				危险级别	监控级别	控制措施
					L	E	C	D			
2.14	锅炉试运行	锅炉试运行	安全门的调正不是专业技术人员	人员伤害	6	3	15	270	V	☆☆☆☆☆	安全门的调正必须由两名以上熟练工人在专业技术人员的指导下进行
			吹管排汽没有装消声器	人员伤害	6	6	7	252	V	☆☆☆☆☆	吹管排汽口必须装设消声器，工作人员佩戴耳塞
			排汽范围操作场所没有警戒	人员伤害	3	5	6	90	Ⅲ	☆☆☆	排汽范围内及操作场所设警绳挂牌
3	电气专业										
3.1	一次系统										

续表

序号	工程名称施工项目	作业活动	危险因素	可导致事故	作业中危险性评价				危险级别	监控级别	控制措施
					L	*E*	*C*	*D*			
3.1.1		发电机引下线及封闭母线	发电机引出线绝缘操作人员无防护用品	人员伤害	3	5	6	90	Ⅲ	☆☆☆	操作人员使用必要的劳保用品
3.1.2	发电机励磁小室设备安装	励磁机、励磁刷架、碳刷研磨安装	孔洞防护不到位	高空坠落	3	5	6	90	Ⅲ	☆☆☆	使用标准化围栏进行孔洞防护
			无防护的机械转动部分	机械伤害	3	5	6	90	Ⅲ	☆☆☆	转动机械部分采取隔离措施
3.1.3	变压器安装	主变压器、高压备用变压器、高压厂用变压器	变压器未经充分排氮进入内部	人员伤害	3	6	6	108	Ⅲ	☆☆☆	变压器没经充分排氮，严禁工作人员进入内部

续表

序号	工程名称施工项目	作业活动	危险因素	可导致事故	作业中危险性评价				危险级别	监控级别	控制措施
					L	E	C	D			
3.1.3	变压器安装	主变压器、高压备用变压器、高压厂用变压器	充氮变压器注油时有人在排气孔停留	人员伤害	3	6	7	126	Ⅲ	☆☆☆	充氮变压器注油时，任何人不得在排气孔处停留。
			吊装外罩起落不平稳	设备损坏	3	6	7	126	Ⅲ	☆☆☆	吊装外罩需起落平稳。
			攀登引线木架上下检查变压器芯子	人员设备损坏	3	6	7	126	Ⅲ	☆☆☆	检查变压器芯子时，严禁攀登引线木架上下。
3.1.4	屋外升压站设备安装	220、550kV断路器、隔离开关、电压互感器、电流互感器、避雷器、阻波器、耦合电容器	施工脚手架不按规定搭设	高空坠落	6	6	7	252	Ⅴ	☆☆☆☆☆	按规定搭设脚手架，经验收合格后挂牌使用
			用吊车就位设备人站在设备上	高空坠落	6	3	15	270	Ⅴ	☆☆☆☆☆	吊车吊运就位瓷件电气设备时，严禁施工人员站在设备上

续表

序号	工程名称施工项目	作业活动	危险因素	可导致事故	作业中危险性评价				危险级别	监控级别	控制措施
					L	*E*	*C*	*D*			
3.1.4	屋外升压站设备安装	220、550kV断路器、隔离开关、电压互感器、电流互感器、避雷器、阻波器、耦合电容器	高空作业人员不系安全带	高空坠落	3	6	15	270	V	☆☆☆☆	高空作业人员系好安全带，并挂在上方牢固的地点
			吊车绑扎绳和瓷件直接接触	设备损坏	3	6	5	90	Ⅲ	☆☆☆	严禁钢丝绳直接绑扎在瓷件上（采取措施）
			使用卷扬机吊运设备无专人指挥	设备损坏	3	5	6	90	Ⅲ	☆☆☆	使用卷扬机吊运设备时，必须由起重专业人员指挥
3.1.5	钢芯铝绞线	架设、设备引线安装	构架上施工不系安全带	高空坠落	3	6	15	270	V	☆☆☆☆☆	升压站铁构架上施工必须系安全带，做好防护措施
			操作卷扬机人没经培训	人员伤害，设备损坏	6	3	8	144	Ⅲ	☆☆☆	卷扬机操作手需经专业培训后持证上岗
			测量设备引线不采取防范措施	人员伤害	3	5	6	90	Ⅲ	☆☆☆	测量设备引线长度时，施工人员必须采取防范措施

续表

序号	工程名称施工项目	作业活动	危险因素	可导致事故	作业中危险性评价				危险级别	监控级别	控制措施
					L	E	C	D			
3.2	厂用系统										
3.2.1	电间设备安装	380 V厂用配电盘、6kV配电盘、厂用变压器	盘底加垫时手伸入盘底	人员伤害	3	5	7	105	Ⅲ	☆☆☆	盘底加垫时不得将手伸进盘底，单面盘并列安装时防止挤手
3.2.2	化学水处理	室电气安装，盘、吊车、变压器	安装吊车上电气设备时不系安全带	高空坠落	3	6	15	270	V	☆☆☆☆☆	在吊车上安装电气设备或配线时必须系好安全带
			进行变压器内部检查时无通风	人员伤害	3	6	7	126	Ⅲ	☆☆☆	进行变压器内部检查时，通风必须良好，并设专人监护。工作人员应穿无钮扣、无口袋的工作服，耐油防滑鞋，带入的工具必须拴绳并登记清点，严防工具及杂物遗留在变压器内

续表

序号	工程名称施工项目	作业活动	危险因素	可导致事故	作业中危险性评价				危险级别	监控级别	控制措施
					L	E	C	D			
3.2.3	燃油泵房，电气安装	盘，吊车，变压器	检查变压器芯子时不搭脚手架	人员伤害	3	3	15	135	Ⅲ	☆☆☆	检查变压器芯子时应搭设脚手架或梯子，严禁攀登引线木架
3.2.4	中央水泵房	电气安装，盘、吊车、变压器	施工现场孔洞无防护措施	坠落	3	3	15	135	Ⅲ	☆☆☆	泵房吊车安装应编制施工方案（作业指导书）、安全技术措施
			吊车吊装没有施工方案及安全技术措施	人员设备伤害	3	5	6	90	Ⅲ	☆☆☆	经总工批准后安装前向全体施工人员进行安全技术交底吗，并做好记录
			电气安全和土建施工交叉作业无防范措施	人员伤害	3	5	6	90	Ⅲ	☆☆☆	电气安装和土建施工交叉作业时做好防范措施，尽量错开双方施工的时间

续表

序号	工程名称施工项目	作业活动	危险因素	可导致事故	作业中危险性评价				危险级别	监控级别	控制措施
					L	E	C	D			
3.2.5	引风机室	电气安装，盘、吊车	脚手架搭设不按规定	人员伤害	3	5	6	90	Ⅲ	☆☆☆	按规定搭设脚手架并经验收合格挂牌使用
3.2.6	网控楼设备安装	升压站继电小间、机炉控制室、控制盘、保护屏、操作屏、信号屏、微机屏	盘座基础槽钢切割违章操作	人员伤害	3	5	6	90	Ⅲ	☆☆☆	用无齿锯切割盘座槽钢时先检查锯片是否破裂
			施工电源不是三相五线制	触电	3	3	15	135	Ⅲ	☆☆☆	按用电管理条例，施工电源必须采用三相五线制
			汽车吊吊装配电盘吊车故障	人员伤害设备损坏	6	7	7	294	Ⅴ	☆☆☆☆	用汽车吊吊运配电柜时应先检查吊车机械状况

续表

序号	工程名称施工项目	作业活动	危险因素	可导致事故	作业中危险性评价				危险级别	监控级别	控制措施
					L	E	C	D			
3.2.7	直流系统、动力直流、操作直流、保护直流、蓄电池室	直流系统、动力直流、操作直流、保护直流、蓄电池室施工	室内孔洞不盖严	人员伤害	3	5	6	90	Ⅲ	☆☆☆	严格检查室内孔洞是否采取有效措施（盖严）
			违章切割（火焊）	人员伤害	6	4	4	96	Ⅲ	☆☆☆	正确使用割把，乙炔瓶加防止回火装置
			配制蓄电池电解液时方法不当	人员伤害	6	7	7	252	V	☆☆☆☆	配制电解液时应先将硫酸慢慢倒入注入蒸馏水中并不断地用玻璃棒或塑料棒搅拌，严禁将蒸馏水注酸中
			配制蓄电池电解液时不按规定	人员伤害	6	7	7	252	V	☆☆☆☆☆	配制电解液按规定备用足够的小苏打溶液和清水

续表

序号	工程名称施工项目	作业活动	危险因素	可导致事故	作业中危险性评价				危险级别	监控级别	控制措施
					L	*E*	*C*	*D*			
3.2.7	直流系统、动力直流、操作直流、保护直流、蓄电池室	直流系统、动力直流、操作直流、保护直流、蓄电池室施工	配制电解液不慎皮肤接触酸液	人员伤害	6	7	7	252	Ⅴ	☆☆☆☆	当皮肤接触酸液时应先用白布擦干再用水清洗
			配制电解液不穿防护服	人员伤害	3	5	6	90	Ⅲ	☆☆☆	配制电解液施工人员必须穿戴防酸服装
3.2.8	电缆敷设	全厂动力电缆、直流电缆、电缆架安装，电缆头制作（动力、直流）	电缆沟内的照明不是 36 V	触电	3	5	6	90	Ⅲ	☆☆☆	电缆沟内照明必须用 36 V 电压
			电缆沟内照明不足	人员伤害	3	5	6	90	Ⅲ	☆☆☆	电缆沟内照明必须充足可靠
			电缆盘运输中滚动	人员伤害	3	5	6	90	Ⅲ	☆☆☆	电缆盘在车上用木方等垫实垫平，并绑扎牢固

续表

序号	工程名称施工项目	作业活动	危险因素	可导致事故	作业中危险性评价				危险级别	监控级别	控制措施
					L	E	C	D			
3.2.9	电缆敷设（全厂）	动力电缆、直流电缆、电缆架安装，电缆头制作（动力，直流）	电缆敷设伤人	人员伤害	3	5	6	90	Ⅲ	☆☆☆	电缆盘禁止从车上直接推下，电缆轴人工滚动防止伤人
			制作电缆头引发火灾	火灾	3	5	6	90	Ⅲ	☆☆☆	电缆盘应架设牢固，由专人指挥，电缆通道应清理干净
			电缆桥架及电缆管安装绝缘不好	触电（感电）	3	5	6	90	Ⅲ	☆☆☆	无杂物、积水，照明充足，进入带电区敷设应办理工作票，设专人紧身衣护，正确使用喷灯，带电盘内制做电缆头防止触电，电缆桥架焊接牢固，按要求接地，测试良好可靠

续表

序号	工程名称施工项目	作业活动	危险因素	可导致事故	作业中危险性评价				危险级别	监控级别	控制措施
					L	E	C	D			
3.2.10	全厂接地系统	主厂房接地、升压站接地、烟囱接地、冷却塔接地、化学水处理室接地、循环水泵房接地、油处理室接地等	铁镐伤人，大锤头脱落伤人	人员伤害	3	5	6	90	Ⅲ	☆☆☆	接地沟要有专人负责，同时作业人员要保持5m以上距离，打接地极时要将大锤固定牢，严防锤头脱落或将大锤甩出，打锤正方不可有人
			感电伤害	感电	3	5	6	90	Ⅲ	☆☆☆	接地带接地极焊接要由专业焊工焊接，作业时必须穿绝缘鞋、戴手套、穿工作服，接地沟潮湿要垫木板
			接地带留甩头处伤人，接地钢筋留甩头处伤人	人员伤害	3	5	6	90	Ⅲ	☆☆☆	接地网敷设要尽可能减少留甩头，留甩头处做平整处理，设备与地网处不可留甩头，要在地面下连接

续表

序号	工程名称施工项目	作业活动	危险因素	可导致事故	作业中危险性评价				危险级别	监控级别	控制措施
					L	E	C	D			
3.2.10	全厂接地系统	主厂房接地、升压站接地、烟囱接地、冷却塔接地、化学水处理室接地、循环水泵房接地、油处理室接地等	交叉垂直作业无防护措施	人员伤害	3	5	6	90	Ⅲ	☆☆☆	安装接地系统应在设备安装施工前进行，尽量避开垂直交叉作业，必须进行交叉作业时需采取防范措施
3.2.11	软母线爆破压接	软母线爆破压接	母线爆破压接操作人员没经过专业培训	人员伤害	3	3	15	135	Ⅲ	☆☆☆	进行母线爆破，压接人员必须经过培训考试合格并取得安全作业证
			爆破压接同时作业超过两炮	人员伤害	3	3	15	135	Ⅲ	☆☆☆	进行爆破压接作业每次不得超过两炮，作业时严禁吸烟

续表

序号	工程名称施工项目	作业活动	危险因素	可导致事故	作业中危险性评价				危险级别	监控级别	控制措施
					L	E	C	D			
3.2.11	软母线爆破压接	软母线爆破压接	炸药、导火索、导爆索、雷管混放一起	爆炸	4	3	15	180	Ⅳ	☆☆☆☆	炸药、导火索、导爆索、雷管应分别存放，并设专人管理，由专人领用，用毕应立即将剩余的雷管炸药退库
			药包制作不遵守操作规程	爆炸	3	3	15	135	Ⅲ	☆☆☆	药包应在专门的加工房内制作，室内严禁烟火作业人员不得穿戴钉子的鞋，雷雨天气严禁填装药包
			导火索在使用前不做燃速试验	人员伤害	3	3	15	135	Ⅲ	☆☆☆	导火索在使用前应做燃速试验，其长度应使点火人离开后到起爆时间不少于20s，但不得短于20cm

续表

序号	工程名称施工项目	作业活动	危险因素	可导致事故	作业中危险性评价				危险级别	监控级别	控制措施
					L	E	C	D			
3.2.11	软母线爆破压接	软母线爆破压接	雷管与导火索连接不使用专用工具	人员伤害	3	6	15	270	V	☆☆☆☆☆	雷管与导火索连接时必须使用专用钳子夹雷管口，严禁碰触雷汞部分及用牙咬雷管口或用普通钳子
			爆破地点与人安全距离过小	人员伤害	6	3	15	270	V	☆☆☆☆	爆破点离地面一般不得小于1m，离瓷件一般不得小于5m，人员应离开30m以外，距爆破点50m以内的建筑物，玻璃窗应打开
			放炮时不设警戒	人员伤害	6	3	15	270	V	☆☆☆☆☆	放炮时应通知周围作业人员及电气运行、值班人员，并设警戒

续表

序号	工程名称施工项目	作业活动	危险因素	可导致事故	作业中危险性评价				危险级别	监控级别	控制措施
					L	*E*	*C*	*D*			
3.2.11	软母线爆破压接	软母线爆破压接	处理瞎炮不按规定时间	人员伤害	6	3	15	270	V	☆☆☆☆☆	遇有瞎炮时必须待15min后处理
3.2.12	电气试验，调整及启动带电	电气试验，调整及启动带电	试验人员不了解被试验设备	人员伤害	3	6	5	90	Ⅲ	☆☆☆	试验人员应充分了解被试验设备和所用试验设备仪器的性能，严禁使用有缺陷极有可能危及人身和设备安全的设备
			对与已运行设备有联系的系统，进行调试不办理工作票	人员伤害	3	6	5	90	Ⅲ	☆☆☆	进行系统调试前应全面了解系统设备状态，对与已运行设备有联系的系统进行调试，应办理工作票，要设专人监护

续表

序号	工程名称施工项目	作业活动	危险因素	可导致事故	作业中危险性评价				危险级别	监控级别	控制措施
					L	*E*	*C*	*D*			
3.2.12	电气试验，调整及启动带电	电气试验，调整及启动带电	通电试验过程中试验人员中途离开	人员伤害	3	6	5	90	Ⅲ	☆☆☆	通电试验过程中试验人员不得中途离开
			试验室没有良好的接地	人员伤害	3	6	5	90	Ⅲ	☆☆☆	试验室应有良好的接地线，试验台上及台前应铺橡胶绝缘垫
			高压试验设备外壳没有接地	人员伤害	3	6	5	90	Ⅲ	☆☆☆	高压试验设备（试验变压器、控制台、西林电桥、试油机等）外壳必须接地

续表

序号	工程名称施工项目	作业活动	危险因素	可导致事故	作业中危险性评价				危险级别	监控级别	控制措施
					L	E	C	D			
3.2.12	电气试验，调整及启动带电	电气试验，调整及启动带电	被试设备的金属外壳没有接地	人员伤害	3	6	5	90	Ⅲ	☆☆☆	接地线使用截面积不小于 $4mm^2$ 的多胶软线接地，必须良好可靠严禁接在自来水管、暖气管、易燃气体管道及铁轨等非正规的接地体
			现场高压试验区没设遮栏，没有监护人	人员伤害	3	6	5	90	Ⅲ	☆☆☆	现场高压试验区设遮栏，并挂“止步高压危险”牌，高压试验时应派人监护
			电气设备耐压试验前不做绝缘电阻测量	人员伤害	3	6	5	90	Ⅲ	☆☆☆	电气设备在进行耐压试验前，应先测定绝缘电阻，用绝缘电阻表测定绝缘电阻时被试设备应确实与电源断开

续表

序号	工程名称施工项目	作业活动	危险因素	可导致事故	作业中危险性评价				危险级别	监控级别	控制措施
					L	E	C	D			
3.2.13	电气试验，调整及启动带电	电气试验，调整及启动带电	直流高压试验后的高压电动机、电容器、电缆没有放电	人员伤害	3	6	5	90	Ⅲ	☆☆☆	试验中防止带电体与人接触，试验后被试设备需放电，直流高压试验后的高压电动机、电容器、电缆等，应先用带电阻的接地棒或临时代用的放电电阻，在直接接地或短路放电
			调试工作全部完成后没有按操作程序进行启动	人员伤害	3	6	5	90	Ⅲ	☆☆☆	通电及启动前应做好下列工作，通道及出口畅通，隔离设施完善，孔洞堵严，沟道板盖完整，屋面无漏雨，照明充足完善，有适于电器灭火的灭火器，盘门锁好，警告标识明显齐全，接地符合要求，开关设备处于断开位置

续表

序号	工程名称施工项目	作业活动	危险因素	可导致事故	作业中危险性评价				危险级别	监控级别	控制措施
					L	E	C	D			
4	热控安装										
	取样装置及测温原件安装	管路敷设，防爆、防中毒、防酸碱等伤害	在已充压的设备上开孔不办理工作票	人员伤害	6	3	15	270	5	☆☆☆☆	在已充压的设备上或管道上开孔安装取样装置或感测原件等，应办理工作票，并采取措施，严禁无可靠措施施工
			使用大型电钻或板钻无防滑措施	人员伤害	3	5	6	90	Ⅲ	☆☆☆	使用大型电钻或板钻在管道上或联箱上钻孔时钻架必须有足够的强度，并固定牢固还应有防止滑钻的措施
			螺纹连接的高、中压插入式温度计用固定扳手紧固时用力过猛	人员伤害	3	5	6	90	Ⅲ	☆☆☆	螺纹连接的高、中压插入式温度计应用固定扳手紧固，操作时应稳用力，不得过猛

续表

序号	工程名称施工项目	作业活动	危险因素	可导致事故	作业中危险性评价				危险级别	监控级别	控制措施
					L	E	C	D			
5	热控安装										
	取样装置及测温原件安装	管路敷设，防爆、防中毒、防酸碱等伤害	已敷设的管子没及时焊接，不采取措施	人员伤害	6	7	7	294	V	☆☆☆☆☆	已敷设的管子如不能及时焊接，则应固定牢固
			检查仪表管堵塞时脸对着管口	人员伤害	3	5	6	90	Ⅲ	☆☆☆	检查及疏通堵塞的仪表管时严禁将脸对着管口
			使用环氧树脂做铠装热电偶冷端等作业时操作人员不戴口罩、手套	中毒	3	5	6	90	Ⅲ	☆☆☆	使用环氧树脂做铠装热电偶冷端等操作时，操作人员应戴口罩、手套

续表

序号	工程名称施工项目	作业活动	危险因素	可导致事故	作业中危险性评价				危险级别	监控级别	控制措施
					L	E	C	D			
6	焊接作业	高压管道、中低压管道、金属容器内热处理，特殊设备焊接，高压焊接	从事焊接切割热处理人员没经过专业培训	人员伤害	5	5	6	150	Ⅲ	☆☆☆	从事焊接切割热处理的人员应经专业安全技术教育考试合格，取得合格证，并应熟悉触电急救法和人工呼吸法
			进行焊接切割热处理作业人员不戴防护用品	人员伤害	3	5	6	90	Ⅲ	☆☆☆	进行焊接切割热处理作业时，作业人员应戴专用护目镜、穿工作服、绝缘鞋、皮手套等符合专用防护要求的劳保用品

续表

序号	工程名称施工项目	作业活动	危险因素	可导致事故	作业中危险性评价				危险级别	监控级别	控制措施
					L	E	C	D			
6	焊接作业		进行焊接切割热处理没有防火措施	人员伤害	4	7	5	140	Ⅲ	☆☆☆	进行焊接切割热处理时应有防止触电爆破和防止金属飞浅引起火灾的措施
			对盛装过油脂或可燃液体的容器，焊接或切割不采取措施	人员伤害	6	7	7	294	V	☆☆☆☆☆	对盛装过油脂或可燃液体的容器应先用蒸气冲洗，并在确认冲洗干净后方可进行焊接切割、热处理工作，但容器盖口必须打开严禁站人

续表

序号	工程名称施工项目	作业活动	危险因素	可导致事故	作业中危险性评价				危险级别	监控级别	控制措施
					L	E	C	D			
6	焊接作业		在带有压力的容器和管道进行焊接切割	人员伤害	6	7	7	294	Ⅴ	☆☆☆☆☆	严禁在带有压力的管道和容器上进行焊工作业
			在高处进行电焊作业时不设专人调节电流	人员伤害	3	5	6	90	Ⅲ	☆☆☆	高处焊接时地面应设监护人，及专门调节电流的人员
			在金属容器内作业时入口没设专人监护	人员伤害	6	7	7	294	Ⅴ	☆☆☆☆☆	在金属容器内进行焊接或切割作业时，入口处应设专人监护，并在监护人伸手可及处设二次回路的切断开关

续表

序号	工程名称施工项目	作业活动	危险因素	可导致事故	作业中危险性评价				危险级别	监控级别	控制措施
					L	E	C	D			
7	起重机械										
	起重机安装拆除及负荷试验	起重作业	支腿倒伏整机倾履	人员伤害，设备损坏	3	6	15	270	V	☆☆☆☆☆	了解场地状况及地基承载力，选择允许的气候条件施工
			整机脱离轨道机械伤害	人员伤害，设备损坏	3	6	15	270	V	☆☆☆☆☆	严格按照（安拆施工方案）步骤及要求进行施工统一指挥，认真交底
			高空坠落，主梁变形	人员伤害，设备损坏	3	6	15	270	V	☆☆☆☆☆	负荷试验前认真检查各主要承力件（钢丝绳、主梁卷扬机、地脚螺栓等）

续表

序号	工程名称施工项目	作业活动	危险因素	可导致事故	作业中危险性评价				危险级别	监控级别	控制措施
					L	E	C	D			
	起重机安装拆除及负荷试验	门座式起重机安装	门座支腿倒伏臂杆局部焊口开裂变形	人员伤害，设备损坏	3	6	15	270	V	☆☆☆☆☆	了解场地状况及地面耐力，选择允许的气候条件施工
			整机脱离轨道机械伤害	人员伤害，设备损坏	3	6	15	270	V	☆☆☆☆☆	严格按照（安拆施工方案）步骤及要求施工，统一指挥认真交底
			高空坠落，整机倾履	人员伤害，设备损坏	3	6	15	270	V	☆☆☆☆☆	负荷试验前认真检查各主要承力件（钢丝绳拉索滑轮、臂杆卷扬机地脚螺栓等）

续表

序号	工程名称施工项目	作业活动	危险因素	可导致事故	作业中危险性评价				危险级别	监控级别	控制措施
					L	E	C	D			
	起重机安装拆除及负荷试验	塔式起重机安装、拆除及负荷试验	门座支腿倒伏	人员伤害，设备损坏	3	6	15	270	V	☆☆☆☆☆	了解场地状况及地面耐力
			臂杆局部焊口开裂变形	人员伤害，设备损坏	3	6	15	270	V	☆☆☆☆☆	严格按照（安拆施工方案）步骤及要求进行施工
			整机脱离轨道机械伤害	人员伤害，设备损坏	3	6	15	270	V	☆☆☆☆☆	顶升塔式起重机安拆时严格监控重心防止偏离
			高空坠落，整机倾履	人员伤害，设备损坏	3	6	15	270	V	☆☆☆☆☆	搬起式塔机安拆时，所有操作人员听从统一指挥注意监控，过程连续一次就位

续表

序号	工程名称施工项目	作业活动	危险因素	可导致事故	作业中危险性评价				危险级别	监控级别	控制措施
					L	E	C	D			
	起重机安装拆除及负荷试验	履带式起重机安装、拆除及负荷试验	起重机倾履	人员伤害，设备损坏	3	6	15	270	V	☆☆☆☆☆	严格按照（安拆施工方案）步骤进行施工，确认起重机防止前倾和后倾装置有效，安全保护装置动作有效，塔机安拆时所有操作人员统一听从指挥，注意监控过程连续一次就位。负荷试验时应考虑到臂杆和受力件的可挠性，适当减少幅度

续表

序号	工程名称施工项目	作业活动	危险因素	可导致事故	作业中危险性评价				危险级别	监控级别	控制措施
					L	E	C	D			
	起重机安装拆除及负荷试验	门式起重机使用	吊钩上吊	人员伤害，设备损坏	3	6	15	270	V	☆☆☆☆☆	经常检测限位开关动作可靠性
			起重机脱离轨道	人员伤害，设备损坏	3	6	15	270	V	☆☆☆☆☆	道端侧安装阻挡板，并保证限位开关动作可靠性
			操作人员触电	人员伤害，设备损坏	3	6	15	270	V	☆☆☆☆☆	轨道接地和机体二次重复接地达到要求，严格执行操作规程
		门座式及塔式起重机使用	吊钩上吊	人员伤害，设备损坏	3	6	15	270	V	☆☆☆☆☆	经常检测限位开关动作可靠性
			起重机脱离轨道	人员伤害，设备损坏	3	6	15	270	V	☆☆☆☆☆	道端侧安装阻挡板，并保证限位开关动作可靠性，经常检测轨道状况和地基状况

续表

序号	工程名称施工项目	作业活动	危险因素	可导致事故	作业中危险性评价				危险级别	监控级别	控制措施
					L	E	C	D			
	起重机安装拆除及负荷试验	门座式及塔式起重机使用	操作人员触电	人员伤害，设备损坏	3	6	15	270	V	☆☆☆☆☆	轨道接地和机体二次重复接地达到要求，严格执行操作规程
			起重机倾倒	人员伤害，设备损坏	3	6	15	270	V	☆☆☆☆	遇到恶劣天气如大风暴雨等，采取相应措施
		履带式起重机使用	吊钩上吊	人员伤害，设备损坏	3	6	15	270	V	☆☆☆☆☆	经常检测限位开关动作可靠性
			操作人员触电	人员伤害，设备损坏	3	6	15	270	V	☆☆☆☆☆	轨道接地和机体二次重复接地达到要求

续表

序号	工程名称施工项目	作业活动	危险因素	可导致事故	作业中危险性评价				危险级别	监控级别	控制措施
					L	E	C	D			
	起重机安装拆除及负荷试验	履带式起重机使用	起重机脱离轨道	人员伤害，设备损坏	3	6	15	270	V	☆☆☆☆☆	严格执行操作规程
			起重机倾倒	人员伤害，设备损坏	3	6	15	270	V	☆☆☆☆☆	保证气候条件和场地条件（有无孔洞、地基承载力、坡度等）符合操作规程要求
8	起重作业	钢丝绳、滑车组、卸扣、倒链、千斤顶，“五步法”起重作业	不正确使用钢丝绳	人员伤害，设备损坏	3	6	15	270	V	☆☆☆☆☆	安全系数：绑扎绳子，10倍；千斤绳，6～8倍。保持良好的润滑状态，严防打结和扭曲，严禁和任何带电体接触，棱角处垫好管皮

续表

序号	工程名称施工项目	作业活动	危险因素	可导致事故	作业中危险性评价				危险级别	监控级别	控制措施
					L	E	C	D			
8	起重作业	钢丝绳、滑车组、卸扣、倒链、千斤顶，“五步法”起重作业	钢丝绳打绳夹处断裂	人员伤害，设备损坏	3	6	15	270	V	☆☆☆☆☆	机械运动中不得与其他物体摩擦，穿过滑轮时不能有接头，扁接时长度大于钢丝绳直径15倍且不能小于300mm，千斤绳夹角不大于90°，最大不超过120°
			滑轮组吊物时，卷扬机或钢丝绳断裂物体坠落	人员伤害，设备损坏	3	6	15	270	V	☆☆☆☆☆	卷扬机设置稳固导向滑车与卷扬机中心一致，卷筒钢丝绳顺序排列工作时，最少保留5圈

续表

序号	工程名称施工项目	作业活动	危险因素	可导致事故	作业中危险性评价				危险级别	监控级别	控制措施
					L	E	C	D			
8	起重作业	钢丝绳、滑车组、卸扣、倒链、千斤顶，“五步法”起重作业	卸扣错误使用	人员伤害，设备损坏	3	6	15	270	V	☆☆☆☆☆	卸扣不能横向受力，卸扣销子不能扣在活动性较大的索具内，不得使卸扣处于吊件的转角处，可加衬垫或加大规模
			倒链链条断裂或滑落	人员伤害，设备损坏	3	6	15	270	V	☆☆☆☆	使用前认真检查并经负荷试验，严禁超载或双链改单链使用，链条严禁扭结，操作时严禁站在正下方，倒链刹车片严防沾油脂

续表

序号	工程名称施工项目	作业活动	危险因素	可导致事故	作业中危险性评价				危险级别	监控级别	控制措施
					L	*E*	*C*	*D*			
8	起重作业	钢丝绳、滑车组、卸扣、倒链、千斤顶，“五步法”起重作业	千斤顶滑落或超载	人员伤害，设备损坏	3	6	15	270	V	☆☆☆☆☆	千斤顶使用，严格检查液压千斤顶，严防泄油使用时不能用加长手柄，不能超过规定人数，严禁超载多台千斤顶顶升同一物体，应降负荷50%
			指挥信号不明司机误操作	人员伤害，设备损坏	3	6	15	270	V	☆☆☆☆☆	起重工与司机应熟悉信号，并加以明确，工作集中精力，采用哨声与旗语或手势配合，信号不明司机可拒绝操作，持证上岗

续表

序号	工程名称施工项目	作业活动	危险因素	可导致事故	作业中危险性评价				危险级别	监控级别	控制措施
					L	*E*	*C*	*D*			
8	起重作业	钢丝绳、滑车组、卸扣、倒链、千斤顶，“五步法”起重作业	不按“五步法”进行起重作业	人员伤害，设备损坏	3	6	15	270	V	☆☆☆☆☆	吊运物件前应明确物体重量、重心位置，认真观察吊运通道、安装位置及周围环境，明确吊点和吊装方法，知晓吊装过程中吊物所处的各种状态及起重设施的各种受力情况，绑扎牢固用吊耳、梁柱承重力结构要经校核
9	脚手架作业										

续表

序号	工程名称施工项目	作业活动	危险因素	可导致事故	作业中危险性评价				危险级别	监控级别	控制措施
					L	*E*	*C*	*D*			
	脚手架搭设（架子工）	脚手架施工（架子工）	脚手架及脚手板选择不合格	人员伤害	5	5	6	150	Ⅲ	☆☆☆	钢管脚手架应用48～51mm（外径），壁厚3～3.5mm，管长度以4～6.5m及2.1～2.8m为宜，弯管压扁裂开不能用，扣件应有出厂合格证
			脚手架搭设不规范	人员伤害	3	6	15	270	Ⅴ	☆☆☆☆☆	钢脚手架立杆、大横杆应错开搭设，长度不得小于50cm，承插式的管接头搭设长度不小于8cm，水平式承插式接头应有穿销，并用扣件连接，不能用铁丝绑扎

续表

序号	工程名称施工项目	作业活动	危险因素	可导致事故	作业中危险性评价				危险级别	监控级别	控制措施
					L	E	C	D			
	脚手架搭设（架子工）	脚手架施工（架子工）	脚手架倒塌	人员伤害	3	6	15	270	V	☆☆☆☆☆	脚手架两端转角及每隔6～7根立柱应设支撑，支撑与立杆成60度夹角，脚手架超过7m时每隔4m脚手架应与建筑物连接牢固，并增设安全爬梯及安全通道
			不慎坠落，落物伤人	人员伤害	5	5	6	150	Ⅲ	☆☆☆	组合脚手架时施工人员应先培训考试，并由专业架子工按规程搭设，无生根脚手架设施扫地杆及斜支撑、立杆每隔6～7根立杆应设剪刀支撑，脚手架荷载应控制在270kg/m^2

续表

序号	工程名称施工项目	作业活动	危险因素	可导致事故	作业中危险性评价				危险级别	监控级别	控制措施
					L	E	C	D			
	脚手架搭设（架子工）	脚手架施工（架子工）	门架式提升架失控	人员伤害	3	6	15	270	Ⅴ	☆☆☆☆☆	给立杆时根部应设垫木及排水沟，斜支撑不能随意拆除
			架子间距不当	人员伤害	3	5	6	90	Ⅲ	☆☆☆	立杆、大横杆、小横杆之间距离，钢管脚手架：2、1.2、1.5m
10	金属检验										
	射线探伤	金相分析、暗室工作、机械性能试验、光谱分析	从事放射性工作的人没经培训	人员伤害	3	5	6	90	Ⅲ	☆☆☆	从事放射作业的人员应经培训考试合格，并经取得合格证，对进行探伤射线人员必须进行体格检查后可进行工作

续表

序号	工程名称施工项目	作业活动	危险因素	可导致事故	作业中危险性评价				危险级别	监控级别	控制措施
					L	*E*	*C*	*D*			
	射线探伤	金相分析、暗室工作、机械性能试验、光谱分析	射线探伤没配备射线测量仪	人员伤害	3	5	6	90	Ⅲ	☆☆☆	射线探伤应配备必要的射线测量仪，作业时操作人员应佩戴剂量仪含铅眼镜和铅防护服等防护用品
			作业现场存放射源	人员伤害	3	5	6	90	Ⅲ	☆☆☆	作业现场不得存放射源，如需短时存放采取措施，并设围栏及警示
			存放射源容器不符合要求	人员伤害	3	5	6	90	Ⅲ	☆☆☆	存放射源的容器必须是经过计算、实测、复核确认符合要求，并标明射源名称后方可使用，一般距存放射源的容器在0.5m处

续表

序号	工程名称施工项目	作业活动	危险因素	可导致事故	作业中危险性评价				危险级别	监控级别	控制措施
					L	E	C	D			
	射线探伤	金相分析、暗室工作、机械性能试验、光谱分析	在施工现场进入射线探伤违反规定	人员伤害	3	5	6	90	Ⅲ	☆☆☆	射线探伤应避开正常工作时间，如不能避开应制定探伤安全措施，夜间探伤应有明显的警示标识
			现场进行金相试验时没有防范措施	人员伤害	3	5	6	90	Ⅲ	☆☆☆	现场设置围栏并挂有人工作牌，工作人员佩戴劳动保护
			暗室内没有安全灯	人员伤害	3	5	6	90	Ⅲ	☆☆☆	设安全灯

续表

序号	工程名称施工项目	作业活动	危险因素	可导致事故	作业中危险性评价				危险级别	监控级别	控制措施
					L	E	C	D			
	射线探伤	金相分析、暗室工作、机械性能试验、光谱分析	在容器内进行光谱分析不按规定	人员伤害	3	5	6	90	Ⅲ	☆☆☆	在容器内进行光谱分析时，除应遵守在金属容器内作业的有关规定，还应采取下列防止触电的措施：①作业人员所穿的工作服鞋帽等必须干燥，作业时应使用绝缘垫。②容器外应设监护人，监护人应站在可看见光谱分析人员和听见其声音的位置，电源开关设在容器外

表 A－6 重大风险辨识与风险评价清单（调试）

序号	工程名称施工项目	作业活动	危险因素	可导致事故	作业中危险性评价				危险级别	监控级别	现有控制措施及有效性
					L	E	C	D			
1	燃油系统调试										
1.1	电气设备调试	电气设备调试	燃油供油泵损坏或外壳带电，引起人员接触电	触电死亡	3	6	15	300	V	☆☆☆☆☆	供油泵试转前检查外壳接地，发现问题，及时整改
1.2	电气设备调试	电气设备调试	由于供油泵接地或外壳绝缘不良，引起外壳带电，造成触电		1	6	15	90	V	☆☆☆	试运前检查，确保电气设备有效的接地
1.3	机械设备调试	机械设备调试	燃油系统供油泵试转时操作人员与就地未联络好，引起就地人员受伤	人员意外伤亡	3	6	15	270	V	☆☆☆☆☆	加强与就地的联络，设备启动必须确定安全许可后才可操作

续表

序号	工程名称施工项目	作业活动	危险因素	可导致事故	作业中危险性评价				危险级别	监控级别	现有控制措施及有效性
					L	E	C	D			
1.4	燃油调试	燃油调试	现场作业时遇高空落物	人员伤亡	3	6	15	270	V	☆☆☆☆	安全教育，戴好安全帽，避开危险区域
1.5	燃油调试	燃油调试	高空作业时坠落	人员伤亡	3	6	15	270	V	☆☆☆☆☆	安全教育，佩戴好安全带
1.6	燃油调试	燃油调试	燃油供油泵、卸油泵等燃油系统管道法兰、法门泄漏遇明火燃烧	火灾、人员烧伤和设备损坏	3	6	7	126	Ⅲ	☆☆☆	加强进油前管道系统的水压试验，进油后加强巡视，遇泄漏及时处理并通知相关方清理，现场配备足够的消防器材和严格执行消防管理制度
2	燃油及点火系统										

续表

序号	工程名称施工项目	作业活动	危险因素	可导致事故	作业中危险性评价				危险级别	监控级别	现有控制措施及有效性
					L	E	C	D			
2.1	燃油调试	燃油调试	燃油系统阀门操作时，由于未用铜制扳手，而产生火花引起燃烧	人员烧伤和设备损坏	3	6	7	126	Ⅲ	☆☆☆	燃油系统阀门操作时，使用铜制扳手
2.2	燃油调试	燃油调试	燃油供油泵、卸油泵等燃油系统管道法兰、法门泄漏	环境污染	3	3	15	135	Ⅲ	☆☆☆	及时对燃油系统进行查漏处理
2.3	点火系统调试	锅炉油枪点火	由于点火运行调节不当，未经燃尽漏入炉膛，燃烧工况恶化，在炉膛及尾部烟道积聚，引起炉膛爆燃及尾部二次燃烧	锅炉损坏	3	6	15	270	Ⅴ	☆☆☆☆☆	加强对燃油系统及油枪的巡视检查，及时调整燃烧工况，及时对空气预热器吹灰

续表

序号	工程名称施工项目	作业活动	危险因素	可导致事故	作业中危险性评价				危险级别	监控级别	现有控制措施及有效性
					L	*E*	*C*	*D*			
3	热机设备调试										
3.1	热机设备调试	使用电气设备调试	由于设备损坏或外壳带电，引起人员接触电	触电伤害	1	6	15	90	Ⅴ	☆☆☆☆☆	使用前检查外壳接地，发现问题，及时整改
3.2	热机设备调试	使用电源箱调试	人员在使用电源箱时，接触电源箱内的破损插座或带电的裸线引起触电	触电伤害	1	6	15	90	Ⅲ	☆☆☆	使用前检查，确保电源箱内开关、插座的完好、有效的接地、裸线或接地桩的绝缘
3.3	热机设备调试	使用电气设备调试	由于接地或外壳绝缘不良，引起外壳带电，造成触电	触电伤害	1	6	15	90	Ⅲ	☆☆☆	使用前检查，确保电气设备有效的接地

续表

序号	工程名称施工项目	作业活动	危险因素	可导致事故	作业中危险性评价				危险级别	监控级别	现有控制措施及有效性
					L	E	C	D			
3.4	机械设备调试	机械设备调试	转动设备在试转时操作人员与就地未联络好，引起就地人员受伤	人员意外伤亡	3	6	15	270	Ⅴ	☆☆☆☆☆	加强与就地的联络，设备启动必须确定安全许可后才可操作
3.5	热机设备调试	热机设备调试	试转现场作业时遇高空落物	人员意外伤亡	3	6	15	270	Ⅴ	☆☆☆☆☆	安全教育，戴好安全帽
3.6	热机设备调试	热机设备调试	现场试验时由于扶梯、通道平台、围栏不全发生高空坠落	人员意外伤亡	3	6	15	270	Ⅴ	☆☆☆☆☆	安全教育，佩戴好安全带
3.7	油系统调试	润滑油调试	预热器润滑油系统泄漏遇明火燃烧	人员烧伤和设备损坏	3	6	7	126	Ⅲ	☆☆☆	加强巡视，遇泄漏及时处理并通知相关方清扫

续表

序号	工程名称施工项目	作业活动	危险因素	可导致事故	作业中危险性评价				危险级别	监控级别	现有控制措施及有效性
					L	E	C	D			
3.8	热机设备调试	高温作业	由于防暑降温措施执行不严，作业人员因高温天气露天作业引起中暑	季节性危害、中暑	3	6	15	270	Ⅴ	☆☆☆☆☆	调整高温期间的作息时间，提供作业人员的工间休息场所和茶水饮料，高处作业人员进行身体检查
4	热工调试										
4.1	电气设备调试	电气设备调试	由于设备损坏或外壳带电或对设备不了解，引起人员接触电	触电死亡	3	6	15	300	Ⅴ	☆☆☆☆☆	使用前了解设备，开具工作票
4.2	热工调试	电源箱使用	人员在使用电源箱时，接触电源箱内的破损插座或带电的裸线引起触电		1	6	15	90	Ⅲ	☆☆☆	使用前检查，确保电源箱内开关、插座的完好、有效的接地、裸线或接地桩的绝缘

续表

序号	工程名称施工项目	作业活动	危险因素	可导致事故	作业中危险性评价				危险级别	监控级别	现有控制措施及有效性
					L	E	C	D			
4.3	油枪调试	启动油枪	油枪启动时操作人员与就地未联络好，引起现场人员夹伤	人员意外伤亡	6	6	7	270	Ⅴ	☆☆☆☆☆	加强与就地的联络，设备启动必须确定安全许可后才可操作
4.4	热工调试	热工调试	现场作业时遇高空落物	人员意外伤亡	3	6	15	270	Ⅴ	☆☆☆☆☆	安全教育，佩戴好安全带
4.5	热工调试	热工调试	高空作业时坠落	人员意外伤亡	3	6	15	270	Ⅴ	☆☆☆☆☆	安全教育，佩戴好安全带
4.6	热工调试	热工调试	吹扫蒸汽泄漏或锅炉观火孔火焰外泄	人员烧伤、烫伤	3	6	7	126	Ⅲ	☆☆☆	安全教育，设立防烫伤标识
4.7	热工调试	燃油调试	燃油泄漏遇明火燃烧	人员烧伤和设备损坏	3	6	7	126	Ⅲ	☆☆☆	加强巡视，遇泄漏及时处理并通知相关方清扫

续表

序号	工程名称施工项目	作业活动	危险因素	可导致事故	作业中危险性评价				危险级别	监控级别	现有控制措施及有效性
					L	*E*	*C*	*D*			
4.8	热工调试	煤粉试投	煤粉泄漏沉积自燃	人员烧伤和设备损坏	3	6	7	126	Ⅲ	☆☆☆	加强巡视，遇泄漏及时处理并通知相关方清扫
4.9	热工调试	热工调试	强电窜入卡件输入通道	卡件损坏报废	6	15	1	90	Ⅲ	☆☆☆	对线，不允许卡件带电接线
4.10	热工调试	投入卡件	卡件投入后，其他通道对应的设备进行单体调试时强电窜入卡件输入通道		6	15	1	90	Ⅲ	☆☆☆	卡件投入后，其他通道对应的设备进行单体调试时应拔出卡件
4.11	热工调试	CRT 上操作	调试人员未经运行人员许可进行实验	人员伤亡与机组跳闸	3	6	3	150	Ⅲ	☆☆☆	安全教育，实行工作票制度

续表

序号	工程名称施工项目	作业活动	危险因素	可导致事故	作业中危险性评价				危险级别	监控级别	现有控制措施及有效性
					L	E	C	D			
5	化学清洗										
5.1	化学设备调试	使用电气设备调试	由于设备损坏或外壳带电，引起人员接触电	触电死亡	3	6	15	300	Ⅴ	☆☆☆☆☆	使用前检查外壳接地，发现问题，及时整改
5.2	化学设备调试	使用电源箱	人员在使用电源箱时，接触电源箱内的破损插座或带电的裸线引起触电	触电死亡	1	6	15	90	Ⅲ	☆☆☆	使用前检查，确保电源箱内开关、插座的完好、有效的接地、裸线或接地桩的绝缘
5.3	化学设备调试	电气设备调试	由于接地或外壳绝缘不良，引起外壳带电，造成触电	触电死亡	1	6	15	90	Ⅲ	☆☆☆	使用前检查，确保电气设备有效的接地

续表

序号	工程名称施工项目	作业活动	危险因素	可导致事故	作业中危险性评价				危险级别	监控级别	现有控制措施及有效性
					L	E	C	D			
5.4	化学机械设备调试	机械设备调试	转动设备在试转时操作人员与就地未联络好，引起就地人员受伤	人员意外伤亡	3	6	15	270	Ⅴ	☆☆☆☆☆	加强与就地的联络，设备启动必须确定安全许可后才可操作
5.5	化学清洗调试	化学调试	现场作业时遇高空落物	人员意外伤亡	3	6	15	270	Ⅴ	☆☆☆☆☆	安全教育，佩戴好安全帽
5.6	化学清洗调试	化学清洗调试	现场作业时遇蒸汽泄漏或碰上无保温热源，如化学清洗加热蒸汽管、已加热的酸液管及碱液管、钝化液管	人员意外烫伤	3	6	7	126	Ⅲ	☆☆☆	安全教育，凡有热源管道做好保温，设立防烫伤标识，常用跨越管道处设临时过桥

续表

序号	工程名称施工项目	作业活动	危险因素	可导致事故	作业中危险性评价				危险级别	监控级别	现有控制措施及有效性
					L	*E*	*C*	*D*			
5.7	化学清洗调试	使用盐酸	溶液溅到人体	人员灼伤	3	6	7	126	Ⅲ	☆☆☆	指定化学药品安全控制措施处理
5.8	化学清洗调试	使用柠檬酸	溶液溅到人体	人员灼伤	3	6	7	126	Ⅲ	☆☆☆	指定化学药品安全控制措施处理
5.9	化学清洗调试	使用碱洗液	溶液溅到人体	人员灼伤	3	6	7	126	Ⅲ	☆☆☆	指定化学药品安全控制措施处理
5.10	化学清洗调试	加入氨、联胺药品	溶液溅到人体	人员灼伤	3	6	7	126	Ⅲ	☆☆☆	指定化学药品安全控制措施处理
5.11	化学清洗调试	使用燃油	燃油泄漏遇明火燃烧	人员烧伤和设备损坏	3	6	7	126	Ⅲ	☆☆☆	加强巡视，遇泄漏及时处理并通知相关方清扫

续表

序号	工程名称施工项目	作业活动	危险因素	可导致事故	作业中危险性评价				危险级别	监控级别	现有控制措施及有效性
					L	*E*	*C*	*D*			
5.12	化学清洗液调试	化学清洗液调试	未进行隔绝措施或阀门泄漏	设备遭受腐蚀	3	6	7	126	Ⅲ	☆☆☆	加强对清洗措施的学习，操作听从调试指挥，加强检查，加热试验要进行系统查漏
5.13	化学清洗调试	汽包进入清洗液	汽包液位控制不当，水位过高，可能使酸液进入过热器，造成酸液对过热器的腐蚀	设备遭受腐蚀	3	6	15	270	V	☆☆☆☆	事先对操作进行指导、演练，发生时立即采取补救措施
5.14	化学清洗调试	汽包进入清洗液	汽包液位控制不当，水位过低，可能影响炉水循环泵的正常运行，造成炉水循环不良，影响化学清洗的效果	影响清洗效果	3	6	15	270	V	☆☆☆☆☆	事先对操作进行指导、演练，发生时立即采取补救措施

续表

序号	工程名称施工项目	作业活动	危险因素	可导致事故	作业中危险性评价				危险级别	监控级别	现有控制措施及有效性
					L	*E*	*C*	*D*			
5.15	化学清洗调试	反应产生的氢气	盐酸清洗产生的氢气在空气中达到一定浓度时遇火源燃烧、爆炸	人员烧伤和设备损坏	1	3	40	120	Ⅲ	☆☆☆	化学清洗相关区域严禁火种，挂禁示标识，贴安全预案，安全保卫人员加强系统巡视
6	蒸汽吹管调试										
6.1	电气设备调试	电气设备调试	由于设备损坏或外壳带电，引起人员接触电	死亡	3	6	15	300	Ⅴ	☆☆☆☆☆	使用前检查外壳接地，发现问题，及时整改
6.2	电气设备调试	使用电源箱	人员在使用电源箱时，接触电源箱内的破损插座或带电的裸线引起触电		1	6	15	90	Ⅲ	☆☆☆	使用前检查，确保电源箱内开关、插座的完好、有效的接地、裸线或接地桩的绝缘

续表

序号	工程名称施工项目	作业活动	危险因素	可导致事故	作业中危险性评价				危险级别	监控级别	现有控制措施及有效性
					L	*E*	*C*	*D*			
6.3	电气设备调试	电气设备调试	由于接地或外壳绝缘不良，引起外壳带电，造成触电	死亡	1	6	15	90	Ⅲ	☆☆☆	使用前检查，确保电气设备有效的接地
6.4	机械设备调试	机械设备调试	转动设备在试转时操作人员与就地未联络好，引起就地人员受伤	人员意外伤亡	3	6	15	270	Ⅴ	☆☆☆☆☆	加强与就地的联络，设备启动必须确定安全许可后才可操作
6.5	蒸汽吹管调试	蒸汽吹管调试	现场作业时遇高空落物	人员意外伤亡	3	6	15	270	Ⅴ	☆☆☆☆☆	安全教育，戴好安全帽
6.6	蒸汽吹管调试	蒸汽吹管调试	高空作业时坠落	人员意外伤亡	3	6	15	270	Ⅴ	☆☆☆☆☆	安全教育，佩戴好安全带

续表

序号	工程名称施工项目	作业活动	危险因素	可导致事故	作业中危险性评价				危险级别	监控级别	现有控制措施及有效性
					L	E	C	D			
6.7	蒸汽吹管调试	蒸汽吹管调试	现场作业时遇蒸汽泄漏或碰上无保温热源，拆换靶板时临冲门及旁路门未关死，管道有热源	人员意外烫伤	3	6	7	126	Ⅲ	☆☆☆	安全教育，做好管道保温，设立防烫伤标识，拆换靶板采取工作票制度
6.8	蒸汽吹管调试	使用润滑油	润滑油泄漏遇明火燃烧	人员烧伤和设备损坏	3	6	7	126	Ⅲ	☆☆☆☆	加强巡视，遇泄漏及时处理并通知相关方清扫
6.9	蒸汽吹管调试	使用燃油	燃油泄漏遇明火燃烧	人员烧伤和设备损坏	3	6	7	126	Ⅲ	☆☆☆	加强巡视，遇泄漏及时处理并通知相关方清扫
6.10	蒸汽吹管调试	煤粉投入	煤粉泄漏沉积自燃	人员意外烧伤和设备损坏	3	6	7	126	Ⅲ	☆☆☆	对积水冰冻区域，采取防滑措施

续表

序号	工程名称施工项目	作业活动	危险因素	可导致事故	作业中危险性评价				危险级别	监控级别	现有控制措施及有效性
					L	E	C	D			
6.11	蒸汽吹管调试	锅炉油枪	由于燃料油未经燃尽漏入炉膛，在炉膛及尾部烟道积聚，引起炉膛爆燃及尾部二次燃烧	锅炉损坏	3	6	15	300	V	☆☆☆☆	加强对燃油系统及枪的巡视检查，及时调整燃烧工况，及时对空气预热器吹灰
6.12	蒸汽吹管调试	蒸汽吹管调试	汽包水位控制不当，吹管阶段汽包水位波动剧烈，水位过高使过热器蒸汽带水，受热面温差变化太大，受热面损坏	锅炉损坏	3	6	15	270	V	☆☆☆☆☆	事先对操作进行指导，演练、发生时即采取紧急停炉

续表

序号	工程名称施工项目	作业活动	危险因素	可导致事故	作业中危险性评价				危险级别	监控级别	现有控制措施及有效性
					L	E	C	D			
6.13	蒸汽吹管调试	蒸汽吹管调试	汽包水位控制不当，吹管阶段汽包水位波动剧烈，水位过低，导致炉水循环不良，甚至烧干，受热面损坏，炉水循环泵振动跳闸	锅炉损坏	3	6	15	270	V	☆☆☆☆☆	事先对操作进行指导，演练、发生时即采取紧急停炉
6.14	蒸汽吹管调试	吹管排汽	吹管排汽具有很大噪声及热量，对附近人员环境造成生活影响，间隙排汽如人员未及时远离会造成事故	人员伤亡	3	6	15	270	V	☆☆☆☆	设置消声器，消声器周围设置安全区，并有专人看守，尽可能避开夜间吹管，并事先发布安民告示，通知周围居民及人员

续表

序号	工程名称施工项目	作业活动	危险因素	可导致事故	作业中危险性评价				危险级别	监控级别	现有控制措施及有效性
					L	E	C	D			
6.15	蒸汽吹管调试	使用集粒器	吹管停炉间隙，拆除集粒器清理时，集粒器内铁锈杂物洒落现场	污染环境	3	6	7	126	Ⅲ	☆☆☆☆	拆除集粒器排放口时用专用容器存放，做好防护
7	现场调试										
7.1	现场调试	使用接线板位置不当	人员接触带电接线板裸露部分引起触电	触电	1	6	15	90	Ⅲ	☆☆☆☆	定期检查，及时整改
7.2	现场调试	使用电气设备	由于接地或外壳绝缘不良，引起外壳带电，造成触电		1	6	15	90	Ⅲ	☆☆☆	使用前检查，确保电气设备有效的接地

续表

序号	工程名称施工项目	作业活动	危险因素	可导致事故	作业中危险性评价				危险级别	监控级别	现有控制措施及有效性
					L	E	C	D			
7.3	现场调试	饮食	食用不洁食物引起食物中毒	身心伤害、死亡	3	6	15	270	Ⅴ	☆☆☆☆☆	不在无卫生合格证的摊点饮食，禁食已发生质变食物
7.4	现场调试	道路运输	车辆交通事故	人员伤亡	3	6	7	126	Ⅲ	☆☆☆	加强交通安全教育，提高安全意识及自我保护意识
7.5	现场调试	纸张、可燃物、烟蒂	可燃物遇火种或电器发热引起火灾	人员伤亡、财物损失	1	6	40	240	Ⅴ	☆☆☆☆☆	办公室禁止吸烟、定期检查，可燃物不靠近电器和带电线路
7.6	现场调试	使用电器线路超负荷或老化	可燃物遇电器线路发热引起火灾		1	6	40	240	Ⅴ	☆☆☆☆☆	定期检查，及时整改

续表

序号	工程名称施工项目	作业活动	危险因素	可导致事故	作业中危险性评价				危险级别	监控级别	现有控制措施及有效性
					L	E	C	D			
7.7	现场调试	使用润滑油	润滑油泄漏遇明火燃烧	人员烧伤和设备损坏	3	6	7	126	Ⅲ	☆☆☆	加强巡视，遇泄漏及时处理并通知相关方清扫
7.8	现场调试	使用燃油	燃油泄漏遇明火燃烧	人员烧伤和设备损坏	3	6	7	126	Ⅲ	☆☆☆	加强巡视，遇泄漏及时处理并通知相关方清扫
7.9	现场调试	现场作业	高空作业时坠落	人员意外伤亡	3	6	15	270	Ⅴ	☆☆☆☆☆	安全教育，佩戴好安全带
7.10	现场调试	现场作业	现场作业时遇高空落物	人员意外伤亡	3	6	15	270	Ⅴ	☆☆☆☆☆	安全教育，佩戴好安全帽
7.11	现场调试	现场作业	现场作业时遇蒸汽泄漏或碰上无保温热源	人员意外烫伤	3	6	7	126	Ⅲ	☆☆☆	安全教育，按规定穿着工作服

附录B 重要环境因素辨识及评价清单

项目环境因素的评价方法采用多因子评价法：

因子 a——环境因素的发生频率；

因子 b——排放与相关法规标准值比较；

因子 c——环境影响设计范围；

因子 d——环境影响可恢复性或可持续性；

因子 e——公众或媒体关注程度。

综合评价得分 $X=a\times x_i$（x_i 为 b、c、d、e 中的最大值），通过 X 值确定环境因素的重要性，其中 a、b、c、d、e 各值确定方法见表 B-1，环境因素重要性与 X 值对应表见表 B-2，重要环境因素辨识及评价清单见表 B-3。

表 B-1　a、b、c、d、e 各值确定方法

对应值	环境因子				
	发生频率 a	与标准值比较 b	环境影响设计范围 c	可恢复性/可持续性 d	公众或媒体关注程度 e
5	每日一次及以上	≥90%	全球性	不可恢复	社会极度关注

续表

对应值	环境因子				
	发生频率 *a*	与标准值比较 *b*	环境影响设计范围 *c*	可恢复性/可持续性 *d*	公众或媒体关注程度 *e*
4	每周一次及以上	80%～90%	全国性	半年以上	地区性极度关注
3	每月一次及以上	50%～80%	重大地区性	一周到半年	地区性关注
2	每年一次及以上	30%～50%	较轻地区性	一天到一周	地区性一般关注
1	一年以上一次	<30%	基本无	一天以内	一般不关注

表 B-2　　环境因素重要性与 *X* 值对应表

X 值	环境因素重要性（对应风险等级）
25	极其重大环境因素（5）
20～25	高度环境因素（4）
15～20	显著环境因素（3）
10～15	一般环境因素（2）
≤10	轻微环境因素（1）

表 B-3 重要环境因素辨识及评价清单

序号	工程名称施工项目作业活动	环境因素	排放去向	数量	频率	环境影响	时态	状态	评分法							控制措施
									a	b	c	d	e	x_i	X	
一	土建部分															
1	四通一平	施工机械噪声排放	大气	少量	工作时	污染大气	现在	正常	3	5	3	2	3	3	15	定期检修确保机械良好
2	主厂房基础施工：(1)土石方开挖；(2)基础施工；(3)垫层制作；(4)钢筋绑扎；(5)混凝土浇筑	电动工具噪声排放	大气	少量	工作时	污染大气	现在	正常	5	3	3	2	3	3	15	妥善保管，必须做到一机一闸漏电保护器
		土石方运输噪声	大气大地	少量	工作时	污染大气	现在	正常	4	3	5	2	3	5	20	施工场区机动车速度控制在10km/h场区内行车禁止使用高音喇叭
		风镐破石噪声	大气大地	少量	工作时	污染大气	现在	正常	4	3	5	2	3	5	20	定期检修确保机械良好

续表

序号	工程名称施工项目作业活动	环境因素	排放去向	数量	频率	环境影响	时态	状态	评分法							控制措施
									a	b	c	d	e	x_i	X	
2	主厂房基础施工：(1)土石方开挖；(2)基础施工；(3)垫层制作；(4)钢筋绑扎；(5)混凝土浇筑	物体打击噪声	大气大地	少量	工作时	污染大气	现在	正常	3	2	2	2	5	3	15	使用大锤应做好措施，尽量错开施工人群
		破碎机噪声排放	大气大地	少量	工作时	污染大气	现在	正常	4	3	5	2	3	5	20	定期检修，确保机械良好，控制作业时间
3	主厂房结构施工	搅拌机噪声	大气大地	少量	工作时	污染大气	现在	正常	3	2	2	2	5	3	15	定期检修设备，确保机械良好，按时给转动机械涂润滑油

续表

序号	工程名称施工项目作业活动	环境因素	排放去向	数量	频率	环境影响	时态	状态	评分法							控制措施
									a	b	c	d	e	x_i	X	
4	附属建筑施工：(1)循环水泵房(2)筒仓；(3)油泵房；(4)化学水处理室；(5)卸煤沟；(6)烟囱；(7)其他	搅拌机噪声	大气大地	少量	工作时	污染大气	现在	正常	3	2	2	2	5	3	15	同上
		搅拌机噪声	大气大地	少量	工作时	污染大气	现在	正常	3	2	2	2	5	3	15	同上
		粉尘排放，场地平整，土方施工	大气大地	少量	工作时	污染环境	现在	正常	4	2	2	2	5	3	20	同上
		粉尘排放，砂石料装卸	大气大地	少量	工作时	污染环境	现在	正常	2	3	3	2	3	3	6	砂石料装卸注意防尘，大风天采取棚布遮拦
		粉尘排放，注浆	大气大地	少量	工作时	污染环境	现在	正常	3	2	2	2	5	5	15	注浆采取洒水降尘（钻孔），爆破孔用布料盖起

续表

序号	工程名称施工项目作业活动	环境因素	排放去向	数量	频率	环境影响	时态	状态	评分法							控制措施
									a	b	c	d	e	x_i	X	
5	主厂房、烟囱、基础(地基)注浆处理	粉尘排放,水泥装卸	大气大地	少量	工作时	污染环境	现在	正常	3	2	2	2	5	5	15	装卸人穿好防护服并轻拿轻放
		粉尘排放,混凝土搅拌	大气大地	少量	工作时	污染环境	现在	正常	3	2	2	2	5	3	15	搅拌混凝土时采取降尘措施,穿好防护服
		生产水消耗	大地(施工现场)	少量	工作时	污染环境	现在	正常	3	5	5	5	5	5	15	经常巡视检查给水管道,发现渗漏及时处理
		生产污水排放	大地(施工现场)	少量	工作时	污染环境	现在	正常	3	5	5	5	5	5	15	污水排放集中管理,挖排水沟排至下水道内
		水泥的消耗	大地(施工现场)	少量	工作时	污染环境	现在	正常	3	4	5	4	5	5	15	剩余水泥及时归库并用棚布盖严

续表

序号	工程名称 施工项目 作业活动	环境因素	排放去向	数量	频率	环境影响	时态	状态	评分法							控制措施
									a	b	c	d	e	x_i	X	
5	主厂房、烟囱、基础（地基）注浆处理	有毒有害的固体废弃物排放，涂料桶、油漆桶破布棉纱头刷子	大地（施工现场）	少量	工作时	污染环境	现在	正常	3	5	4	5	4	5	15	有毒有害物质容器、杂物要及时回收，深埋或烧化
		烟囱施工，养生液桶、施工环氧树脂桶及沥青桶	施工现场	少量	工作时	污染环境	现在	正常	3	5	5	2	5	5	15	集中管理严禁乱放，回收后统一处理
		有毒有害的气体排放，厂内车辆尾气排放	施工现场	少量	工作时	污染环境	现在	正常	3	5	5	5	5	5	15	定期检查、检修排烟设备
		有毒有害的气体排放，脚手架喷漆	施工现场	少量	工作时	污染环境	现在	正常	3	5	5	5	5	5	15	选择施工现场边远地区，尽量减少污染

续表

序号	工程名称施工项目作业活动	环境因素	排放去向	数量	频率	环境影响	时态	状态	评分法							控制措施
									a	b	c	d	e	x_i	X	
5	主厂房、烟囱、基础（地基）注浆处理	废旧灭火器的排放	施工现场	少量	工作时	污染环境	现在	正常	3	5	5	5	5	5	15	到远离施工现场的地区排放
		固体废弃物、施工现场建筑垃圾	施工现场	少量	工作时	污染环境	现在	正常	3	5	5	5	5	5	15	设垃圾箱及时统一运到规定地方
		乙炔、稀料气体挥发	施工现场	少量	工作时	污染环境	现在	正常	3	5	5	5	5	5	15	正常维修乙炔瓶阀门及时使用合格的乙炔表计
		油品（危险品）的泄漏，涂料、油漆、机械油等泄漏	施工现场	少量	工作时	污染环境	现在	正常	3	5	5	5	5	5	15	严格检查（危险品）油类盛装器，发现渗漏及时处理
		油品的排放，机械设备维修产生的含油废弃物	施工现场	少量	工作时	污染环境	现在	正常	3	5	5	5	5	5	15	含油废弃物统一存放，集中消除

续表

序号	工程名称施工项目作业活动	环境因素	排放去向	数量	频率	环境影响	时态	状态	评分法							控制措施
									a	b	c	d	e	x_i	X	
5	主厂房、烟囱、基础（地基）注浆处理	有毒有害气体，排放环氧树脂	施工现场	少量	工作时	污染环境	现在	正常	4	5	5	5	5	5	20	按规定集中保管存在在指定的库房内
		有毒有害气体，排放沥青	施工现场	少量	工作时	污染环境	现在	正常	4	5	5	5	5	5	15	严禁乱捣乱抛，使用过程中施工人员做好防范措施，防止中毒
		有毒有害固体，排放养生液	施工现场	少量	工作时	污染环境	现在	正常	3	5	5	5	5	5	15	严禁乱捣乱抛
		混凝土外加剂桶（粉）	施工现场	少量	工作时	污染环境	现在	正常	3	5	5	5	5	5	15	存放的仓库有通风口及消防器材
		混凝土外加剂粉尘排放	施工现场	少量	工作时	污染环境	现在	正常	3	5	5	5	5	5	15	物质使用完毕后桶集中放在指定的地方，严禁乱抛乱堆，统一处理

续表

序号	工程名称施工项目作业活动	环境因素	排放去向	数量	频率	环境影响	时态	状态	评分法							控制措施
									a	b	c	d	e	x_i	X	
二	安装部分															
1	汽轮发电机本体及辅助系统															
1.1	汽轮机本体安装，低压缸就位、中压缸就位、高压缸就位	有毒有害气体排放，汽缸密封胶，设备防腐液	大气大地（施工现场）	少量	工作时	污染环境	现在	正常	4	3	3	5	3	5	20	有毒有害物质使用时要做好防护，戴口罩手套、防护镜
		有毒有害气体排放，发电机密封试验用氟利昂	大气大地（施工现场）	少量	工作时	污染环境	现在	正常	3	5	5	2	5	5	15	氟利昂严格控制排放，瓶嘴是否符合要求，如不符合要求立即更换
		汽轮机油过滤	大气、大地（施工现场）	少量	工作时	污染环境	现在	正常	4	3	3	5	3	5	20	汽轮机油过滤时油系统阀门经常巡视检查，发现问题时（泄漏时）及时处理

续表

序号	工程名称 施工项目 作业活动	环境因素	排放去向	数量	频率	环境影响	时态	状态	评分法							控制措施
									a	b	c	d	e	x_i	X	
1.1	汽轮机本体安装，低压缸就位、中压缸就位、高压缸就位	汽轮机油泄漏	大气、大地（施工现场）	少量	工作时	污染大地污染环境	现在	正常	3	3	3	5	3	5	20	易泄漏油的地方用油盆接着，防止油直接漏到地面
		汽油、洗油挥发	大气、大地（施工现场）	少量	工作时	污染大气污染环境	现在	正常	3	3	3	5	3	5	15	汽油用后立即将盖封好，防止汽油挥发
		油类棉砂头存放	大地、（施工现场）	少量	工作时	污染大气污染环境	现在	正常	3	3	3	5	3	5	20	油管棉砂头使用后严禁乱抛，放在指定的垃圾箱中
		乙炔泄漏	大气（施工现场）	少量	工作时	污染大气污染环境	现在	正常	3	7	6	2	3	7	21	乙炔瓶严禁倒在地上，防止泄漏

续表

序号	工程名称 施工项目 作业活动	环境因素	排放去向	数量	频率	环境影响	时态	状态	评分法							控制措施
									a	b	c	d	e	x_i	X	
1.1	汽轮机本体安装，低压缸就位、中压缸就位、高压缸就位	阴离子泄漏	大地（施工现场）	少量	工作时	污染大气污染环境	现在	正常	3	7	6	4	5	7	21	装阴离子时要注意防止阴离子泄漏
1.2	化学水系统安装及试运	酸洗（管道）酸罐泄漏	大气、大地（施工现场）	少量	工作时	污染环境	现在	正常	3	7	6	4	5	7	21	酸洗管道时做好防止酸碱溶液泄漏
		碱罐泄漏	大气、大地（施工现场）	少量	工作时	污染大地	现在	正常	3	7	6	4	5	7	21	碱罐泄漏时立即处理防止泄漏

续表

序号	工程名称施工项目作业活动	环境因素	排放去向	数量	频率	环境影响	时态	状态	评分法							控制措施
									a	b	c	d	e	x_i	X	
1.2	化学水系统安装及试运	除盐水箱泄漏	大地（施工现场）	少量	工作时	污染大气	现在	正常	3	7	6	4	5	7	21	阀门安装前需检修
1.3	调速系统试运噪声排放	分部试运机械噪声排放	大气	少量	工作时	污染环境	现在	正常	5	3	3	2	3	3	15	分部试运时防止噪声可戴耳塞
		给水泵试运噪声	大气	少量	工作时	污染环境	现在	正常	5	3	3	2	3	3	15	给水泵噪声试运人员防范时可在木房内
		调速、润滑顶轴油泵试运噪声	大气	少量	工作时	污染环境	现在	正常	3	7	6	5	4	7	21	防止油泵类运转发出的噪声，试运人员可将汽机房大门打开
1.4	化学水试运噪声排放	化学水处理系统试运噪声排放	大气	少量	工作时	污染环境	现在	正常	3	7	6	5	4	7	21	化学水处理室防止噪声可加隔声板

续表

序号	工程名称 施工项目 作业活动	环境因素	排放去向	数量	频率	环境影响	时态	状态	评分法							控制措施
									a	b	c	d	e	x_i	X	
1.5	化学水试运噪声排放	酸洗液排放(管道)	大地、大气(施工现场)	少量	工作时	污染环境	现在	正常	3	7	6	5	4	7	21	酸洗液不能随意排放,要经过沉淀期排污放指定的地点上
		清洗设备污水排放	大地、大气(施工现场)	少量	工作时	污染环境	现在	正常	3	7	6	5	4	7	21	清洗设备的污水统一集中排放在排水管道内
		设备打压污水排放	大地(施工现场)	少量	工作时	污染环境	现在	正常	3	7	6	5	4	7	21	设备打压后的污水禁止排在地表面,要集中排放在排水管道内

续表

序号	工程名称施工项目作业活动	环境因素	排放去向	数量	频率	环境影响	时态	状态	评分法							控制措施
									a	b	c	d	e	x_i	X	
1.6	管道冲洗	汽机管道冲洗试验噪声排放	大气（施工现场）	少量	工作时	污染环境	现在	正常	3	5	7	6	5	7	21	汽机管道冲洗时设专人监护，并做好防范措施
2	锅炉专业															
2.1	锅炉专业锅炉本体及辅机钢架吊装（组合）、省煤器、空气预热器、过热器安装、再热器安装、水冷壁组合安装	噪声排放施工机械	大地、大气（施工现场）	少量	工作时	污染环境	现在	正常	5	3	3	2	3	3	15	经常检修空气压缩机，减少噪声排放
		空气压缩机启动运行	大地、大气（施工现场）	少量	工作时	污染环境	现在	正常	5	3	3	2	3	3	15	经常检修空气压缩机，减少噪声排放

续表

序号	工程名称施工项目作业活动	环境因素	排放去向	数量	频率	环境影响	时态	状态	评分法							控制措施
									a	b	c	d	e	x_i	X	
2.1	锅炉专业锅炉本体及辅机钢架吊装（组合）、省煤器、空气预热器、过热器安装、再热器安装、水冷壁组合安装	吊车作业门式起重机、履带吊、汽车吊	大地、大气（施工现场）	少量	工作时	污染环境	现在	正常	5	3	3	2	3	3	15	坦克吊在路面上行驶时要垫上胶皮或木跳板
		加工配制（烟风）物体打击	大地、大气（施工现场）	少量	工作时	污染环境	现在	正常	5	3	3	2	3	3	15	加工配制打击物体，要避开人群，尽量安排在夜间加工配制

续表

序号	工程名称 施工项目 作业活动	环境因素	排放去向	数量	频率	环境影响	时态	状态	评分法							控制措施
									a	b	c	d	e	x_i	X	
2.2	锅炉专业风扇磨煤机、刮板给煤机、排粉机、轮斗机、送风机、引风机、烟风六道配制及安装、水压试验、锅炉酸洗、筑炉及保温、电除尘、脱硫、燃料及燃油系统、油罐及输煤栈桥试运行	转动机械试运转引风机、送风机等	大地、大气（施工现场）	少量	工作时	污染环境	现在	正常	5	3	3	2	3	3	15	运转机械要经常检修加黄油，保持机械完好性能
		锅炉本体安全门调整噪声排放	大地、大气（施工现场）	少量	工作时	污染环境	现在	正常	3	7	5	5	7	7	21	调整锅炉安全门时要做好周围施工人员的宣传工作，防止发生意外
		粉尘排放污染、锅炉范围内管道吹管	大地、大气（施工现场）	少量	工作时	污染环境	现在	正常	3	7	5	5	5	7	21	吹管时做好周围的警戒，要派专人监护防止吹伤人群
		粉尘排放污染、锅炉及保温	大地、大气（施工现场）	少量	工作时	污染环境	现在	正常	5	3	3	2	3	3	15	保温材料要轻拿轻放，保温人员要做好防护工作（戴口罩手套）

续表

序号	工程名称 施工项目 作业活动	环境因素	排放去向	数量	频率	环境影响	时态	状态	评分法							控制措施
									a	b	c	d	e	x_i	X	
2.2	锅炉专业风扇磨煤机、刮板给煤机、排粉机、轮斗机、送风机、引风机、烟风六道配制及安装、水压试验、锅炉酸洗、筑炉及保温、电除尘、脱硫、燃料及燃油系统、油罐及输煤栈桥试运行	粉尘排放污染、锅炉设备清扫	大地、大气（施工现场）	少量	工作时	污染环境	现在	正常	5	3	3	2	3	3	15	锅炉房清扫时要降尘，防止粉尘污染
		粉尘排放污染、保温材料存放	大地、大气（施工现场）	少量	工作时	污染环境	现在	正常	5	3	3	2	3	3	15	保温材料存放要采取措施（盖起来）
		生产用水排放、锅炉设备水压排放	大地（施工现场）	少量	工作时	污染环境	现在	正常	5	3	3	2	3	3	15	水压试验后的水不能任意排放在施工现场，要统一排放在指定的地点
		生产用水排放、锅炉本体水压试验排放	大地（施工现场）	少量	工作时	污染环境	现在	正常	3	5	5	2	3	5	15	水压试验后的水不能任意排放在施工现场，要统一排放在指定的地点

续表

序号	工程名称 施工项目 作业活动	环境因素	排放去向	数量	频率	环境影响	时态	状态	评分法							控制措施
									a	b	c	d	e	x_i	X	
2.2	锅炉专业风扇磨煤机、刮板给煤机、排粉机、轮斗机、送风机、引风机、烟风道配制及安装、水压试验、锅炉酸洗、筑炉及保温、电除尘、脱硫、燃料及燃油系统、油罐及输煤栈桥试运行	油漆桶、破布、棉纱头、刷子	大地(施工现场)	少量	工作时	污染环境	现在	正常	3	4	5	3	2	5	15	集中起来统一处理
		有毒有害液体排放、锅炉酸洗液排放	大地(施工现场)	少量	工作时	污染环境	现在	正常	3	7	6	7	5	7	21	有毒有害液体排放要进行中和处理后排放在除灰管道内
		有毒有害液体存放、硫酸加药液	大地(施工现场)	少量	工作时	污染环境	现在	正常	3	4	5	3	2	5	15	严禁随意存放在施工现场，存放在有防护措施的仓库内
		硫酸加药液容器存放	大地(施工现场)	少量	工作时	污染环境	现在	正常	3	4	5	3	2	5	15	有毒有害物体容器集中起来统一放在指定的地点

续表

序号	工程名称施工项目作业活动	环境因素	排放去向	数量	频率	环境影响	时态	状态	评分法							控制措施
									a	b	c	d	e	x_i	X	
2.2	锅炉专业风扇磨煤机、刮板给煤机、排粉机、轮斗机、送风机、引风机、烟风六道配制及安装、水压试验、锅炉酸洗、筑炉及保温、电除尘、脱硫、燃料及燃油系统、油罐及输煤栈桥试运行	有毒有害气体排放、设备管道防腐	大地（施工现场）	少量	工作时	污染环境	现在	正常	3	4	5	3	2	5	15	防腐废弃物（桶、手套、刷子、破布头）统一集中放在指定的地点
		有毒有害气排放、钢架本体防火涂料喷刷	大地（施工现场）	少量	工作时	污染环境	现在	正常	3	4	5	3	2	5	15	防火涂料喷漆时工作人员戴好防毒用品，废弃物不能随意乱放
		有毒有害气体排放、乙炔稀料气体挥发	大地（施工现场）	少量	工作时	污染环境	现在	正常	3	4	5	3	2	5	15	乙炔稀料存在统一放处
		危险品油类泄漏	大地（施工现场）	少量	工作时	污染环境	现在	正常	3	4	5	3	2	5	15	认真检查危险品油类容器阀门防止泄漏

续表

序号	工程名称施工项目作业活动	环境因素	排放去向	数量	频率	环境影响	时态	状态	评分法							控制措施
									a	b	c	d	e	x_i	X	
2.2	锅炉专业风扇磨煤机、刮板给煤机、排粉机、轮斗机、送风机、引风机、烟风六道配制及安装、水压试验、锅炉酸洗、筑炉及保温、电除尘、脱硫、燃料及燃油系统、油罐及输煤栈桥试运行	危险（油类）排放，汽油、洗油挥发	大地（施工现场）	少量	工作时	污染环境	现在	正常	3	4	5	3	2	5	15	防止油类挥发，做好防范措施，检修好容器设备
		危险（油类）排放汽油、洗油泄漏	大地（施工现场）	少量	工作时	污染环境	现在	正常	3	4	5	3	2	5	15	汽油桶损坏，更换新的
		锅炉酸洗泄漏	大地（施工现场）	少量	工作时	污染环境	现在	正常	3	4	5	3	2	5	15	检修锅炉酸洗，泵管道阀门防止泄漏

续表

序号	工程名称施工项目作业活动	环境因素	排放去向	数量	频率	环境影响	时态	状态	评分法							控制措施
									a	b	c	d	e	x_i	X	
3	电气及热控系统															
3.1	一次系统设备安装机炉控制室、升压站继电器小间、升压站(一次设备)二次线配制	有害有毒物质排放	大地、大气(施工现场)	少量	工作时	污染环境	现在	正常	3	5	5	4	3	5	15	有毒有害物质排放用排风机
		发电机引下线绝缘包扎材料	大地、大气(施工现场)	少量	工作时	污染环境	现在	正常	3	5	5	4	3	5	15	发电机引下线外罩安装鼓风机
		环氧树脂胶布	大地、大气(施工现场)	少量	工作时	污染环境	现在	正常	3	5	5	5	4	5	15	环氧树脂胶布带使用后不能乱抛

续表

序号	工程名称施工项目作业活动	环境因素	排放去向	数量	频率	环境影响	时态	状态	评分法							控制措施
									a	b	c	d	e	x_i	X	
3.1	一次系统设备安装机炉控制室、升压站继电器小间、升压站(一次设备)二次线配制	酚醛环氧漆、黑色绝缘漆、环氧透明绝缘漆、黑色油调合漆	大地、大气(施工现场)	少量	工作时	污染环境	现在	正常	3	5	5	5	4	5	15	刷完该漆后将瓶盖盖严并用鼓风机将毒气排出,施工人员戴好消毒口罩及防毒面具
3.2	电缆敷设全厂接地	电缆架黑色调合漆、接地极黑色防腐漆、母线相色调合漆红绿黄	大地、大气(施工现场)	少量	工作时	污染环境	现在	正常	3	5	5	5	4	5	15	调合漆用汽油调合戴口罩,刷完漆时施工人员离开工作地点,待毒气挥发后再回来工作

续表

序号	工程名称施工项目作业活动	环境因素	排放去向	数量	频率	环境影响	时态	状态	评分法							控制措施
									a	b	c	d	e	x_i	X	
3.2	电缆敷设全厂接地	汽油挥发及存放	大地、大气（施工现场）	少量	工作时	污染环境	现在	正常	2	3	4	5	3	5	10	汽油存放容器应盖严，阀门检修好
		塑控电缆头制作	大地、大气（施工现场）	少量	工作时	污染环境	现在	正常	3	5	5	4	5	5	15	制作电缆头施工人员应做好防护措施，戴口罩及防毒设备手套防护服
		环氧树脂	大地、大气（施工现场）	少量	工作时	污染环境	现在	正常	3	5	5	4	5	5	15	用后将容器密封

续表

序号	工程名称施工项目作业活动	环境因素	排放去向	数量	频率	环境影响	时态	状态	评分法							控制措施
									a	b	c	d	e	x_i	X	
3.2	电缆敷设全厂接地	聚酰胺树脂	大地、大气（施工现场）	少量	工作时	污染环境	现在	正常	3	5	5	4	5	5	15	用后将容器密封
		丙酮	大地、大气（施工现场）	少量	工作时	污染环境	现在	正常	3	5	5	4	5	5	15	使用丙酮时注意气体挥发，使用后盖严
3.3	电气试验调整及启动	导爆索	大地、大气（施工现场）	少量	工作时	污染环境	现在	正常	3	5	5	4	5	5	15	导爆索炸药要分开存放，集中保管
		电雷管	大地、大气（施工现场）	少量	工作时	污染环境	现在	正常	3	5	5	4	5	5	15	防止丢失而发生意外事故

续表

序号	工程名称施工项目作业活动	环境因素	排放去向	数量	频率	环境影响	时态	状态	评分法							控制措施
									a	b	c	d	e	x_i	X	
3.4	电气试验调整及启动	硝酸安炸药、酸挥发	少量	大地、大气（施工现场）	工作时	污染环境	现在	正常	3	5	5	4	5	5	15	硫酸是严重腐蚀剂，应存放在合格的仓库内，轻拿轻放防止发生意外
		蓄电池溶液配制、蓄电池充放电	大地、大气（施工现场）	少量	工作时	污染环境	现在	正常	3	5	5	4	5	5	15	酸液调节时严禁将水倒入硫酸内，应将硫酸慢慢倒入水中
		变压器耐压发电机耐压	大地、大气（施工现场）	少量	工作时	污染环境	现在	正常	2	3	4	5	3	5	10	变压器油耐压要防止碳化气吸入人体

续表

序号	工程名称 施工项目 作业活动	环境因素	排放去向	数量	频率	环境影响	时态	状态	评分法							控制措施
									a	b	c	d	e	x_i	X	
3.5	热控安装	仪表管风压泄漏	大地、大气（施工现场）	少量	工作时	污染环境	现在	正常	2	3	4	5	3	5	10	仪表管风压后防止泄漏吹入人体
		电缆头制作		少量	工作时	污染环境	现在	正常	3	5	4	3	3	5	15	仪表盘配制接线的剩余线头、塑料管头及时清理清扫，存在统一在集中的垃圾箱内
4	焊接作业															

续表

序号	工程名称施工项目作业活动	环境因素	排放去向	数量	频率	环境影响	时态	状态	评分法							控制措施
									a	b	c	d	e	x_i	X	
4.1	电焊作业（板、管、架）：钢筋焊接（闪光对接）、火焊切割、氩弧焊（二氧化碳焊）	粉尘排放	大地、大气	少量	工作时	矽肺	现在	正常	3	7	5	5	5	7	21	施工人员穿防护服，戴手套、眼镜
		烟尘排放	大地、大气	少量	工作时	矽肺	现在	正常	3	7	5	5	5	7	21	采取有效措施，排除有害有毒气体、粉尘和烟雾（室内设排风机）
		化学物质排放	大地、大气	少量	工作时	矽肺	现在	正常	3	7	5	5	5	7	21	
		乙炔排放	大地	少量	工作时	吸入毒气	现在	正常	3	7	5	5	5	7	21	
		焊条烘干、化学药皮存放	大地	少量	工作时	矽肺	现在	正常	3	5	5	2	3	5	15	焊条烘干库按要求设置“防火、防爆、通风”
		干燥箱存放	大地	少量	工作时	矽肺	现在	正常	3	5	5	2	3	5	15	

续表

序号	工程名称施工项目作业活动	环境因素	排放去向	数量	频率	环境影响	时态	状态	评分法							控制措施
									a	b	c	d	e	x_i	X	
4.2	焊接烟气排放（尘粒、气体）	纤维性物质排放	大地、大气	少量	工作时	尘肺病	现在	正常	3	7	6	7	5	7	21	室内从事长久焊接作业人员，除佩戴必要的防护服、皮手套、护目镜外，还应戴上防毒口罩，并在室内设置排毒气、毒烟设备，施工人员工作一段时间后可休息一定时间，到室外吸些新鲜空气
		硅、石排放	大地、大气	少量	工作时	尘肺病	现在	正常	3	7	6	7	5	7	21	
		石棉排放	大地、大气	少量	工作时	尘肺病	现在	正常	3	7	6	7	5	7	21	
		铜箔排放	大地、大气	少量	工作时	尘肺病	现在	正常	3	7	6	7	5	7	21	
		镉络、氧化物排放	大地、大气	少量	工作时	吸入毒物	现在	正常	3	7	6	7	5	7	21	
		铅、氧化锰排放	大地、大气	少量	工作时	吸入毒物	现在	正常	3	7	6	7	5	7	21	

续表

序号	工程名称 施工项目 作业活动	环境因素	排放去向	数量	频率	环境影响	时态	状态	评分法							控制措施
									a	b	c	d	e	x_i	X	
4.3	焊接烟气排放（尘粒、气体）	镁、钒、汞、钼、镍、钛、锌排放	大地、大气	少量	工作时	吸入毒物	现在	正常	3	7	6	7	5	7	21	室内从事长久焊接作业人员，除佩戴必要的防护服、皮手套、护目镜外，还应戴上防毒口罩，并在室内设置排毒气、毒烟设备，施工人员工作一段时间后可休息一定时间，到室外吸些新鲜空气
4.4	热处理焊口，热处理前焊口施工作业	热处理、气体排放	大地、大气	少量	工作时	危害肺	现在	正常	3	7	6	7	6	7	21	室内从事长久焊接作业人员，除佩戴必要的防护服、皮手套、护目镜外，还应戴上防毒口罩，并在室内设置排毒气、毒烟设备，施工人员工作一段时间后可休息一定时间，到室外吸些新鲜空气

续表

序号	工程名称施工项目作业活动	环境因素	排放去向	数量	频率	环境影响	时态	状态	评分法							控制措施
									a	b	c	d	e	x_i	X	
4.4	热处理焊口，热处理前焊口施工作业	臭、氧排放	大地、大气	少量	工作时	危害肺	现在	正常	3	7	6	7	6	7	21	室内从事长久焊接作业人员，除佩戴必要的防护服、皮手套、护目镜外，还应戴上防毒口罩，并在室内设置排毒气、毒烟设备，施工人员工作一段时间后可休息一定时间，到室外吸些新鲜空气
		氟氧化物排放	大地、大气	少量	工作时	危害肺	现在	正常	3	7	6	7	6	7	21	
		碳酸氨排放	大地、大气	少量	工作时	危害肺	现在	正常	3	7	6	7	6	7	21	
		碳化氢排放	大地、大气	少量	工作时	危害肺	现在	正常	3	7	6	7	6	7	21	
4.5	焊口热处理过程中焊口施工作业	珍珠岩布存放	大地、大气	少量	工作时	矽肺	现在	正常	3	5	5	2	3	5	15	室内从事长久焊接作业人员，除佩戴必要的防护服、皮手套、护目镜外，还应戴上防毒口罩，
		珍珠岩布加热排气	大地、大气	少量	工作时	矽肺	现在	正常	3	5	5	2	3	5	15	

续表

序号	工程名称施工项目作业活动	环境因素	排放去向	数量	频率	环境影响	时态	状态	评分法							控制措施
									a	b	c	d	e	x_i	X	
4.5	焊口热处理过程中焊口施工作业	高频波排放、中频磁波排放	大地、大气	少量	工作时	损伤大脑	现在	正常	3	5	5	2	3	5	15	并在室内设置排毒气、毒烟设备，施工人员工作一段时间后可休息一定时间，到室外吸些新鲜空气
		电感磁波排放	大地、大气	少量	工作时	损伤大脑	现在	正常	3	5	5	2	3	5	15	
三	实验室															
	金属检验	实验室探伤检验	大地、大气	少量	工作时	损伤人体	现在	正常	3	7	6	7	5	7	21	实验室内探伤作业按实验室操作规定执行
		施工现场探伤检验	大地、大气	少量	工作时	损伤人体	现在	正常	3	7	7	7	6	7	21	施工现场探伤按安全操作规程规定执行
		高空作业探伤检验	大地、大气	少量	工作时	损伤人体	现在	正常	3	7	7	7	7	7	21	高空作业探伤先做好防止高空坠落措施

续表

序号	工程名称施工项目作业活动	环境因素	排放去向	数量	频率	环境影响	时态	状态	评分法							控制措施
									a	b	c	d	e	x_i	X	
	金属检验	探伤仪器操作	大地、大气	少量	工作时	损伤人体	现在	正常	3	7	7	7	7	7	21	探伤仪器操作严格按仪器说明书进行
		探伤仪器保管（射线装置）	大地、大气	少量	工作时	损伤人体	现在	正常	3	5	5	2	3	5	15	探伤仪器保管按有关规定执行
		γ线射源的存放	大地、大气	少量	工作时	损伤人体	现在	正常	3	8	8	7	8	8	24	应放在专用的储藏室内，不得与易燃易爆、有腐蚀性的物质一起存放
		采用X射线探伤	大地、大气	少量	工作时	损伤人体	现在	正常	3	7	7	7	7	7	21	

续表

序号	工程名称施工项目作业活动	环境因素	排放去向	数量	频率	环境影响	时态	状态	评分法							控制措施
									a	b	c	d	e	x_i	X	
	金属检验	夜间进行射线探伤	大地、大气	少量	工作时	损伤人体	现在	正常	3	7	7	7	7	7	21	X射线机操作人员应熟悉X射线机的性能，掌握操作知识，否则不得操作
		γ射线源的运输	大地、大气	少量	工作时	损伤人体	现在	正常	3	8	8	7	8	8	24	托运应符合运输部门的规定，自行运输必须用机动车专程运送，专人押运。押运人应熟知射线性质、防护容器的结构，严禁携带射源乘坐公共交通工具

续表

序号	工程名称 施工项目 作业活动	环境因素	排放去向	数量	频率	环境影响	时态	状态	评分法							控制措施
									a	b	c	d	e	x_i	X	
四	危险化学品、有毒物质	联胺、红丹粉氟化物、汞铅有毒苯类	大地、大气	少量	工作时	污染环境损伤人体	现在	正常	3	8	8	7	8	8	24	危险化学品进场时报监理部门备案，并分类分区贮存，标识清楚，设置通风、防晒调温、防火、灭火、防爆、泄压、防毒消毒、中和、防潮、防雷、防静电防腐、防泄漏措施。保管人员经培训持证上岗
	压缩气体与液化气体	乙炔、液化石油氧气	大地、大气	少量	工作时	污染环境损伤人体	现在	正常	3	8	8	7	8	8	24	油库应备消防器材，油库醒目的严禁烟火标识，油库内禁止吸烟

续表

序号	工程名称施工项目作业活动	环境因素	排放去向	数量	频率	环境影响	时态	状态	评分法							控制措施
									a	b	c	d	e	x_i	X	
五	易燃液体和固体	汽油、柴油、煤油、丙酮、乙醇、亚铅粉、二磷化三钙	大地、大气	少量	工作时	污染环境损伤人体	现在	正常	3	8	8	7	8	8	24	油库内应备消防器材，油库应有良好通风，并有避雷及静电、接地措施
	氧化剂和有机氧化物	氧化钠、双氧水、硝铵亚酸酸钠	大地、大气	少量	工作时	污染环境损伤人体	现在	正常	3	8	8	7	8	8	24	废弃的化学品（危险）统一回收，严禁随意倒在地面或水沟内
	腐蚀性危险化学品	硝酸、硫酸强酸、氢氧化钠	大地、大气	少量	工作时	污染环境损伤人体	现在	正常	3	8	8	7	8	8	24	废弃的化学品（危险）统一回收，严禁随意倒在地面或水沟内

附录C 施工企业应建立的安全管理制度

以下为施工企业、项目部应建立的基本安全管理制度，包括但不限于以下内容：

（1）安全生产委员会工作制度；

（2）安全责任制度；

（3）安全教育培训制度；

（4）安全工作例会制度；

（5）施工分包安全管理制度；

（6）安全施工措施交底制度；

（7）安全施工作业票管理制度；

（8）文明施工管理制度；

（9）施工机械、工器具安全管理制度；

（10）脚手架搭拆、使用管理制度；

（11）临时用电管理制度；

（12）消防保卫管理制度；

（13）交通安全管理制度；

（14）安全检查制度；

（15）隐患排查治理管理制度；

（16）安全奖惩制度；

（17）特种作业人员管理制度；

（18）危险物品及重大安全风险管理制度；

（19）现场安全设施和防护用品管理制度；

（20）应急管理制度；

（21）职业健康管理制度；

（22）安全费用管理制度；

（23）事故调查、处理、统计、报告制度。

附录 D 达到一定规模的危险性较大的分部分项工程

以下为达到一定规模的危险性较大的分部分项工程，包括但不限于以下内容：

（1）基坑支护、降水工程开挖深度超过 3m（含 3m），或虽未超过 3m 但地质条件和周边环境复杂的基坑（槽）支护、降水工程。

（2）土方开挖工程开挖深度超过 3m（含 3m）的基坑（槽）的土方开挖工程。

（3）模板工程及支撑体系：

1）各类工具式模板工程：包括大模板、滑模、爬模、飞模等工程。

2）混凝土模板支撑工程：搭设高度 5m 及以上；搭设跨度 10m 及以上；施工总荷载 $10kN/m^2$ 及以上；集中线荷载 $15kN/m^2$ 及以上；高度大于支撑水平投影宽度且相对独立无联系构件的混凝土模板支撑工程。

3）承重支撑体系：用于钢结构安装等满堂支撑体系。

（4）起重吊装及安装拆卸工程：

1）采用非常规起重设备、方法，且单件起吊重量在 10kN 及以上的起重吊装工程。

2）采用起重机械进行安装的工程。

3）起重机械设备自身的安装、拆卸。

（5）脚手架工程：

1）搭设高度 24m 及以上的落地式钢管脚手架工程。

2）附着式整体和分片提升脚手架工程。

3）悬挑式脚手架工程。

4）吊篮脚手架工程。

5）自制卸料平台、移动操作平台工程。

6）新型及异型脚手架工程。

（6）拆除、爆破工程：

1）建筑物、构筑物拆除工程。

2）采用爆破拆除的工程。

（7）其他：

1）建筑幕墙安装工程。

2）钢结构、网架和索膜结构安装工程。

3）人工挖扩孔桩工程。

4）地下暗挖、顶管及水下作业工程。

5）预应力工程。

6）采用新技术、新工艺、新材料、新设备及尚无相关技术标准的危险性较大的分部分项工程。

附录E 超过一定规模的危险性较大的分部分项工程

以下为超过一定规模的危险性较大的分部分项工程，包括但不限于以下内容：

（1）深基坑工程：

1）开挖深度超过5m（含5m）的基坑（槽）的土方开挖、支护、降水工程。

2）开挖深度虽未超过5m，但地质条件、周围环境和地下管线复杂，或影响毗邻建（构）筑物安全的基坑（槽）的土方开挖、支护、降水工程。

（2）模板工程及支撑体系：

1）工具式模板工程：包括滑模、爬模、飞模工程。

2）混凝土模板支撑工程：搭设高度8m及以上；搭设跨度18m及以上；施工总荷载15kN/m^2及以上；集中线荷载20kN/m^2及以上。

3）承重支撑体系：用于钢结构安装等满堂支撑体系，承受单点集中荷载700kg以上。

（3）起重吊装及安装拆卸工程：

1）采用非常规起重设备、方法，单件起吊重量在

100kN 及以上的起重吊装工程。

2）起重量 300kN 及以上的起重设备安装工程；高度 200m 及以上内爬起重设备的拆除工程。

（4）脚手架工程：

1）搭设高度 50m 及以上落地式钢管脚手架工程。

2）提升高度 150m 及以上附着式整体和分片提升脚手架工程。

3）架体高度 20m 及以上悬挑式脚手架工程。

（5）拆除、爆破工程：

1）采用爆破拆除的工程。

2）码头、梁、高架、烟囱、水塔或拆除中容易引起有毒有害气（液）体或粉尘扩散、易燃易爆事故发生的特殊建、构筑物的拆除工程。

3）可能影响行人、交通、电力设施、通信设施或其他建（构）筑物安全的拆除工程。

4）文物保护建筑、优秀历史建筑或历史文化风貌区控制范围的拆除工程。

（6）其他：

1）施工高度 50 米及以上的建筑幕墙安装工程。

2）跨度大于 36 米及以上的钢结构安装工程；跨度大于 60 米及以上的网架和索膜结构安装工程。

3）开挖深度超过 16 米的人工挖孔桩工程。

4）地下暗挖工程、顶管工程、水下作业工程。

5）采用新技术、新工艺、新材料、新设备及尚无相关技术标准的危险性较大的分部分项工程。

附录F 重要临时设施、重要施工工序、特殊作业、危险作业项目

以下为重要临时设施、重要施工工序、特殊作业、危险作业项目，包括但不限于以下内容：

（1）重要临时设施：包括施工供用电、用水、氧气、乙炔、压缩空气及其管线，交通运输道路，作业棚，加工间，资料档案库，砂石料生产系统、混凝土生产系统、混凝土预制件生产厂、起重运输机械，位于地质灾害易发区项目的营地、渣场，油库，雷管、炸药、剧毒品库及其他危险品库，射源存放库和锅炉房等。

（2）重要工序：大型起重机械安装、拆除、移位及负荷试验，特殊杆塔及大型构件吊装，高塔组立，预应力混凝土张拉，汽轮机扣大盖，发电机穿转子，水轮机、发电机大型部件吊装，大板梁吊装，大型变压器运输、吊罩、抽芯检查、干燥及耐压试验，大型电动机干燥及耐压试验，燃油区进油，锅炉大件吊装及高压管道水压试验，高压线路及厂用设备带电，主要电气设备耐压试验，临时供电设备安装与检修，汽水管道冲洗及过渡，重要转动机械试运，主汽管吹洗，

锅炉升压、安全门整定，油循环，汽轮发电机试运，发电机首次并网，高边坡开挖，深基坑开挖，爆破作业，高排架、承重排架安装和拆除，大体积混凝土浇筑，洞室开挖中遇断层、破碎带的处理，大坎、悬崖部分混凝土浇筑等。

（3）特殊作业：大型起吊运输（超载、超高、超宽、超长运输），高空爆破、爆压，水上及在金属容器内作业，高压带电线路交叉作业，临近超高压线路施工，跨越铁路、高速公路、通航河道作业，进入高压带电区、电厂运行区、电缆沟、乙炔站及带电线路作业，接触易燃易爆、剧毒、腐蚀剂、有害气体或液体及粉尘、射线作业等，季节性施工，多工程立体交叉作业及与运行交叉的作业。

（4）危险作业项目：起重机满负荷起吊，两台及以上起重机抬吊作业，移动式起重机在高压线下方及其附近作业，起吊危险品，超载、超高、超宽、超长物件和重大、精密、价格昂贵设备的装卸及运输，油区进油后明火作业，在发电、变电运行区作业，高压带电作业及临近高压带电体作业，特殊高处脚手架、金属升降架、大型起重机械拆卸、组装作业，水上作业，沉井、沉箱、金属容器内作业，土石方爆破，国家和地方规定的其他危险作业。

附录G 安全施工作业票

以下施工项目在开工前必须办理施工作业票，包括但不仅限于以下内容：

（1）通用危险作业项目包括：起重机满负荷起吊，两台及以上起重机抬吊作业，起吊危险品，超载、超高、超宽、超长物件和重大、精密、价格昂贵的装卸及运输，特殊高处脚手架、水上作业，金属容器内作业，土石方爆破。

（2）火电工程包括：高边坡及深坑基础开挖和支护，基坑开挖放炮，大体积混凝土浇筑，框架梁、柱混凝土浇筑，悬崖部分混凝土浇筑，大型构件吊装，脚手架、升降架安装拆卸及负荷试验，大型起重机械安装、移位及负荷试验。发电机、汽轮机本体安装，发电机及配电装置带电试运，主变压器安装及检查，重要电动机检查，起重设备带电试运，气体灭火系统调试等，锅炉水冷壁、过热器、再热器组合安装，锅炉水压试验，给煤机、磨煤机、送引风机等重要辅机的试运，汽轮机转子找正、扣盖，机组的启动及试运行，油区进油后明火作业。